JOSE RUBEN AGUILAR SANCHEZ

CIENCIA Y ENSAYE DE MATERIALES

JOSE RUBEN AGUILAR SANCHEZ

CIENCIA Y ENSAYE DE MATERIALES

INGENIERIA DE MATERIALES

Editorial Académica Española

Imprint

Any brand names and product names mentioned in this book are subject to trademark, brand or patent protection and are trademarks or registered trademarks of their respective holders. The use of brand names, product names, common names, trade names, product descriptions etc. even without a particular marking in this work is in no way to be construed to mean that such names may be regarded as unrestricted in respect of trademark and brand protection legislation and could thus be used by anyone.

Cover image: www.ingimage.com

Publisher:
Editorial Académica Española
is a trademark of
Dodo Books Indian Ocean Ltd. and OmniScriptum S.R.L publishing group

120 High Road, East Finchley, London, N2 9ED, United Kingdom
Str. Armeneasca 28/1, office 1, Chisinau MD-2012, Republic of Moldova, Europe
Managing Directors: Ieva Konstantinova, Victoria Ursu
info@omniscriptum.com

Printed at: see last page
ISBN: 978-620-0-01371-2

Copyright © JOSE RUBEN AGUILAR SANCHEZ
Copyright © 2025 Dodo Books Indian Ocean Ltd. and OmniScriptum S.R.L publishing group

CIENCIA Y ENSAYE DE MATERIALES

ESPECIALIZACIÓN EN INGENIERÍA MECÁNICA

CONTENIDO

1.   INTRODUCCIÓN A LOS METALES 7

MATERIALES REFACTARIOS..10

NOCIONES DE PROCESAMIENTO. 11

METALES Y ALEACIONES...13

DIAGRAMA DE EQUILIBRIO DE LAS ALEACIONES DE HIERRO CARBURO DE HIERRO CONOCIDO GENERALMENTE COMO DIAGRAMA HIERRO CARBONO. 17

TERMINOS UTILIZADOS COMÚNMENTE EN LA INTERPRETACIÓN DEL DIAGRAMA HIERRO CARBURO DE HIERRO...22

1.1.   METALURGIA DEL ALUMINIO. 27

MINERALES DE OBTENCIÓN:...27

PROCESO BAYER...28

PROCESO HALL. 30

PROPIEDADES. 33

USOS...34

1.2.   ALEACIÓN DE ANTIMONIO- PLOMO-   ESTAÑO. 35

MATERIALES PARA PLACAS DE ACUMULADORES..36

1.3.   METALURGIA DEL BERILIO. 37

MINERALES DE OBTENCIÓN 37

REFINACIÓN..38

PROPIEDADES. 39

USOS...41

1.4.   METALURGIA DEL COBRE. 42

MINERALES OXIDADOS. 43

CONCENTRACIÓN. 43

TOSTACIÓN. 43

FUSIÓN 44

CONVERSIÓN. 45

PROPIEDADES. 54

USOS...54

1.5.   METALURGIA DEL CROMO..56

PROPIEDADES DEL METAL 56

APLICACIONES 57

FABRICACIÓN DEL CROMO...59

PROCESO GOLDSCHMIDT. 59

DEPOSICIÓN ELECTROLÍTICA DEL CROMO 61

FABRICACIÓN DEL FERROCROMO. 61

1.6.   METALUGIA DEL ESTAÑO...66

MINERALES DE OBTENCIÓN. 66

PROPIEDADES FÍSICAS. 68

USOS 69

1.7. METALURGIA DEL MAGNESIO **71**

MINERALES DE OBTENCIÓN 71

OBTENCIÓN DEL MAGNESIO 72

PROPIEDADES 74

USOS 74

OBTENCIÓN DEL CLORURO MEGNÉSICO 75

OBTENCIÓN DEL MAGNESIO A PARTIR DE AGUA DE MAR 76

1.8. METALURGIA DEL MOLIBDENO **77**

MINERALES DE EXTRACCIÓN 77

PROCESO 77

PROPIEDADES 79

USOS 80

1.9. METALURGIA DEL PLOMO **81**

METALES DE OBTENCIÓN: 81

REFINACIÓN 83

SUAVIZACIÓN O ABLANDAMIENTO 83

DESPLATE 84

PROPIEDADES 86

USOS: 86

1.10. METALURGIA DEL ZINC **87**

PROCEDIMIENTO ELECTROTÉRMICO 87

REFINACIÓN 88

PROPIEDADES 89

PROCESOS DE RECUBRIMIENTOS METÁLICOS. 90

1.11. TRATAMIENTOS TÉRMICOS. **90**

DEFINICIONES. 90

ANÁLISIS MICROSCOPICO 103

MICROSCOPIO METALOGRÁFICO. 103

APARATO DE ILUMINACIÓN 103

2 POLÍMEROS **104**

2.1 CLASIFICACIONES **104**

SEGÚN SU ORIGEN 105

SEGÚN SU TAMAÑO 105

SEGÚN EL NÚMERO DE UNIDADES ESTRUCTURALES 105

SEGÚN SU UNIÓN 106

SEGÚN SU TOPOLOGÍA MACROMOLECULAR 107

CLASIFICACIÓN TECNOLÓGICA DE LOS POLÍMEROS 108

2.2   **CARACTERÍSTICAS** **109**

POLIDISPERSIDAD 109

CONFORMACIÓN...111

2.3   **CRISTALINIDAD EN POLÍMEROS** **113**

FACTORES DETERMINANTES DE LA CRISTALINIDAD EN UN POLÍMERO........................114

DEPENDENCIA DEL ESPESOR O PERIODO DEL CRISTAL I. 115

MÉTODOS PARA DETERMINAR EL GRADO DE CRISTALINIDAD. 116

2.4   **TRANSICIONES TÉRMICAS.**..**118**

TEMPERATURA DE FUSIÓN. 119

TRANSICIÓN VÍTREA. 121

TEMPERATURA DE DESCOMPOSICIÓN TÉRMICA..126

2.5   **FACTORES DETERMINANTES DE Tg Y Tm** **127**

RANGO DE TEMPERATURAS DE SERVICIO. 128

POLÍMEROS TÉRMICAMENTE ESTABLES 129

2.6   **FIBRAS** **130**

POLÍMEROS CAPACES DE FORMAR FIBRAS: POLIAMIDAS. 132

POLIÉSTERES LINEALES. 132

FIBRA DE CARBONO. 133

2.7   **PROPIEDADES MECÁNICAS DE POLÍMEROS** **134**

INFLUENCIA DE LA TEMPERATURA EN EL COMPORTAMIENTO MECÁNICO DE LOS POLÍMEROS. 136

CAMBIOS EN LA MORFOLOGÍA DE LA ESFERULITA. 139

DEFORMACIÓN PLÁSTICA EN POLÍMEROS VÍTREOS. 140

TRANSICIÓN DÚCTIL-FRÁGIL. 141

MÉTODOS PARA MODIFICAR LAS PROPIEDADES DE LOS POLÍMEROS. 142

INCORPORACIÓN DE ADITIVOS AL POLÍMERO..145

2.8   **POLÍMEROS TERMOESTABLES** **149**

FORMACIÓN DE UNA RESINA TERMOESTABLE. 151

DIAGRAMAS TTT PARA UNA RESINA TERMOESTABLE. 152

RESINAS DE POLIÉSTERES INSTARUADOS. 155

RESINAS EPOXI. 155

RESINAS FENÓLICAS...156

2.9   **PROCESADO DE MATERIALES PLÁSTICOS** **157**

PROCESADO DE TERMOPLÁSTICOS. 157

PROCESADO DE TERMOESTABLES. 159

3   **MATERIALES CERÁMICOS** **159**

3.1   **ESTRUCTURA DE LOS CERÁMICOS.**...**159**

3.2   MATERIAS PRIMAS...**161**

CERÁMICOS DE ÓXIDO...162

OTROS CERÁMICOS..162

3.3   PROPIEDADES GENERALES Y APLICACIONES DE LOS CERÁMICOS................**164**

PROPIEDADES MECÁNICAS...164

PROPIEDADES FÍSICAS 166

APLICACIONES 166

3.4   VIDRIOS **167**

TIPOS DE VIDRIOS 168

PROPIEDADES MECÁNICAS...168

PROPIEDADES FÍSICAS 168

3.5   PROCESADO DE MATERIALES CERÁMICOS **169**

MOLDEADO DE CERÁMICOS..169

VACIADO. 171

PRENSADO. 172

SECADO Y COCCIÓN. 173

OPERACIONES DE ACABADO..173

3.6   FORMADO Y MOLDEADO DEL VIDRIO. **175**

FIBRAS DE VIDRIO..175

BIBLIOGRAFÍA....**177**

1. INTRODUCCIÓN A LOS METALES

Preparación mecánica de los minerales consta de:

1) **APARTADO**
2) **MOLIENDA**
3) **CRIBADO O TAMIZADO**
4) **CLASIFICACIÓN**
5) **CONCENTRACIÓN**
   A. POR GRAVEDAD
   B. POR FLOTACIÓN

1) **APARTADO.** – Este proceso consiste en ir a los depósitos de minerales (minas) y extraerlos de los más convenientes para su beneficio fundamentalmente este proceso radica en el conocimiento de ciertas características físicas del mineral tales como color, brillo, aspecto de fractura. Este apartado se lleva a cabo a mano, con cincel y martillo, con barreta manual y neumáticas, perforadas de barrera y explosivos. Los medios de transporte que se pueden utilizar son carretillas manuales, bandas transportadoras, carretillas mecánicas, transportadoras de carga, grúas viajeras, palas mecánicas, trascabos.

2) **MOLIENDA.** – Esta operación consiste en reducir de tamaño grandes granos de mineral para manejar su manejo y transporte, fundamentalmente este proceso radica en la diferencia de durezas que ofrecen los distintos minerales y las gangas presentes. Esta operación se puede llevar a cabo utilizando quebradoras de campana, quebrantadoras rompedoras, peras, molinos de bolas, molinos de codillos.

3) **CRIBADO O TAMIZADO.** – Fundamentalmente este proceso consiste en seleccionar y clasificar los minerales por medir el índice de finura obtenida durante la molienda, esta operación separa por diferencia de tamaño los materiales útiles de las gangas para esta operación es necesario utilizar telas o laminas perforadas conocidas como tamices, cribas. Los tamices para su manejo generalmente se clasifican por el número de mallas o agujeros que existen en una distancia de pulgada lineal. Este proceso consiste en utilizar un agujero, un juego de tamices colocados verticalmente en orden creciente de superior a inferior, dichos conjuntos pueden estar accionados por dispositivos que produzcan sacudidas, vibraciones, sarapes, oscilaciones, trepidaciones. Durante el tamizado los granos más gruesos son detenidos en los tamices colocados en la parte superior.

4) **CLASIFICACIÓN.** – El principio fundamental de este proceso radica en la diferencia de velocidad de la caída del grano, de los minerales puestos en contacto con una solución acuosa más densa que el agua, esta diferencia de velocidad de caída de los granos de los minerales se debe a la diferencia de densidades de los mismos. Los clasificadores son construcciones cilíndricas verticales como base en forma de cono truncado, la solución que se emplea se vuelve a utilizar limpiando con una prensa de un filtro, el tiempo de reposo es variable según del mineral de que se trate.

5) **CONCENTRACIÓN.**
   A) **CONCENTRACIÓN POR GRAVEDAD.** –
      Por diferencia de densidad se aplica perfectamente en lugares oxidados (facilidad de empaparse). El principio básico es la diferencia de densidad que consiste en

introducir tamices o mallas (4x5) dentro de un recipiente que tiene una solución acuosa a dichos tamices se les aplica algún movimiento para hacer que el material se agite, los más densos queden abajo enseguida se deja reposar en las capas del mineral se separa magnéticamente.

Otra forma consiste en una masa que tiene un movimiento rápido con el cual el mineral menos pesado sigue en movimiento, este movimiento de regreso es lento y permite que el mineral más pesado quede en el lado opuesto.

B) CONCENTRACIÓN POR FLOTACIÓN. – Se aplica particularmente para minerales sulfurados ofrece resistencia al empapamiento en un mineral más finamente dividido cuesta más trabajo empaparlo, fundamentalmente este proceso consiste en incrementar la tensión superficial de los minerales molidos, después de que el mineral sale del proceso de clasificación se le añade una sustancia llamada espumante como ejemplo aceite de pino que hace que el mineral tenga mayor tensión superficial posteriormente este mineral se lleva a un recipiente rectangular y se le añade agua hasta que cubra el mineral, se inyecta aire formándose una espuma con la cual se van los sulfuros (mineral sulfurado) enseguida se añade más espumante y se inyecta aire para eliminar sus sulfuros y así sucesivamente. La flotación selectiva se realiza cuando el mineral muy revuelto, es decir, que existen diferentes minerales y se requiere aprovechar la flotación selectiva añadiendo los aditivos adecuados.

MATERIALES REFACTARIOS.

ÁCIDOS. – Sílice (SiO) la forma en que lo encontramos es como arena, sílice, cuarzo, calcedonia, alejandrina o aguamarina, gamister (esta última es mortero de barro refractario revuelto con cuarzo triturado).

NEUTROS. – La forma más común es como mortero, ladrillos, tabiques, perfiles y arenas.

BÁSICOS. – La forma más común es la cal viva y la cal apagada.

MATERIAL REFRACTARIO. – Es aquel que es capaz de soportar altas temperaturas sin fundirse (2500 a 3000 °C), debiendo cubrir entre otras condiciones ser buenos aislantes térmicos y eléctricos tener adecuada resistencia a la compresión, tener resistencia a la corrosión causada por los gases y el torrente de gangas y escoria, tener resistencia a los cambios bruscos de temperatura, aunque no se recomienda.

NOCIONES DE PROCESAMIENTO.

Los procesamientos o procesos de manufactura se clasifican en dos tipos:
PROCESOS DE MANUFACTURA

A) Por arranque de viruta, ejemplo: maquinados convencionales en general.

B) Por deformación, ejemplo: forjado y embutido.

VACIADO: es la operación o el proceso mediante el cual se obtienen piezas mecánicas cuya característica no pueden ser obtenidas por maquinados convencionales, es decir:

Las secciones de la misma son muy irregulares, industrialmente los tipos de vaciado que se asemejan son:

A) **Por gravedad**
B) **A presión**
C) **Por centrifugación.**

VACIADO POR GRAVEDAD: consiste en introducir el metal fundido utilizando tinas o cucharas de vaciado aprovechando la fuerza de atracción terrestre relacionado con el peso específico del metal, también se toma en cuenta la fluidez del metal fundido la cual depende directamente de la temperatura de vaciado. Ejemplo: el vaciado de impulsores de bronce para bombas centrífugas pequeñas.

VACIADO A PRESIÓN: Se realiza utilizando una fuerza de inyección al molde muchas veces superior a la presión atmosférica para la cual se requiera equipos que suministran la fuerza necesaria a presión requerida para lograr la introducción del metal fundido o semifundido al interior del molde estos dispositivos que comprenden prensas, émbolos o pistones pueden ser accionados de forma neumática o hidráulicamente.

BUJES DE BRONCEGRAFITADOS: Se realiza por gravedad, pero en este caso el molde va colado fijamente a una tarima circular a lo cual se le da un movimiento giratorio con un movimiento circular variable, el número de revoluciones por minuto aplicado al molde es fluidez y temperatura del metal fluido ejemplo impulsor de bomba centrífugas de alta potencia.

FORJADO

**A) CERRADA: CALIENTE
ejemplo bielas. FRÍO ejemplo rotulas
de suspensión. B) ABIERTA:
CALIENTE ejemplo materia prima
para dados o matrices de forja.
C) LAMINADO: es el proceso de manufactura por
deformación de material para obtener soleras.**

METALES Y ALEACIONES.

I. Aleaciones de hierro- carburo de hierro. Se clasifican en tres grupos que son los siguientes:

1. Hierro o Fierro Dulce.

Es una aleación de hierro carburo de hierro (Fe-Fe 3c) que contiene un máximo de 0.008 % de carbono (puntos %), que solo puede adquirir temple superficialmente si sufre tratamientos técnicos de cementado templado y revenido.

Contiene además los elementos comunes de las aleaciones de hierro carburo de hierro que son: Carbono, Manganeso, Silicio, Azufre y Fósforo.

2.   Acero.

Es una aleación de hierro carburo de hierro cuyo contenido de carbono es del rango de 0.009 a
1.7 % de carbono, en la cual todo el carbono es soluble en el hierro gama a las temperaturas críticas.

También se define como la aleación maleable de hierro y carbono que ha estado fundida en su proceso de manufactura en el cual el carbono esta combinado como carburo de hierro, conteniendo además silicio, fósforo y azufre, con 1% máximo de estos dos últimos de 0.004% puntos por ciento. (El contenido de manganeso es de 1.65% y el silicio es de 0.6%).

Este acero puede adquirir propiedades muy diferentes mediante tratamientos térmicos, mecánicos y físico-químicos).

3.   Fierro colado o fundiciones

Es un producto indeformable plásticamente cuyo contenido de carbono es de 2.1 a 6.65% en la cual la proporción de carbono existente excede a la cantidad que puede ser retenida en la austenita en la temperatura crítica.

Es el hierro producido por la fusión de arrabio, chatarra o ambos con o sin aleación y que se vacían en moldes de arena o permanentes.

<h2 style="text-align:center">Las fundiciones de hierro colado en general son:</h2>

1.   Fundición Blanca. Que es materia para fabricar aceros.

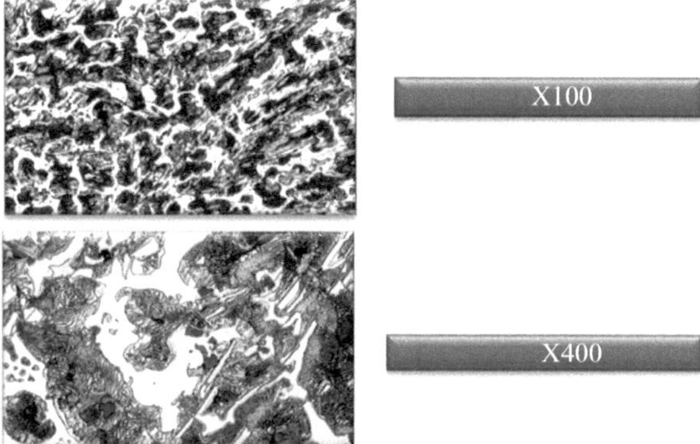

Fig. 1.1 - Microestructura típica de las las fundiciones
lancas

2. **Fundición Gris. Que se utiliza en la fabricación de bancadas.**

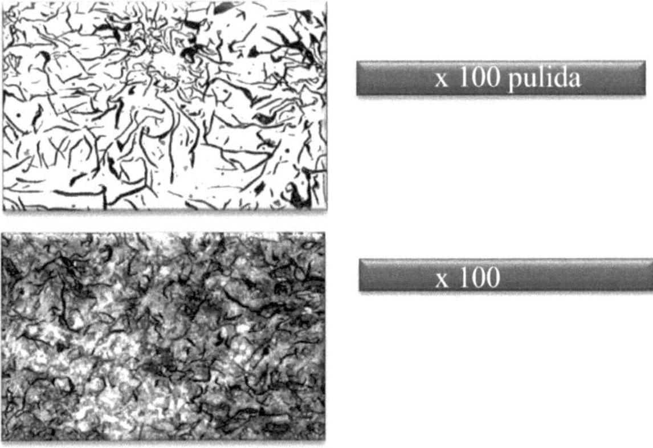

Fig. 1.2 - Fundición gris

3. Fundición Atruchada. Es una fundición intermedia de desperdicio entre las dos anteriores que se utiliza por lo general en la fabricación de bancas para parques y jardines; así como para lastres de barcos.

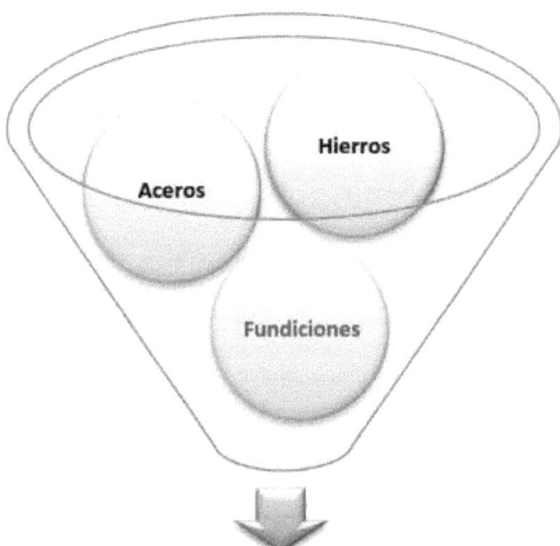

Fig. 1.3 - Aleaciones hierro-carburo de hierro

DIAGRAMA DE EQUILIBRIO DE LAS ALEACIONES DE HIERRO CARBURO DE HIERRO CONOCIDO GENERALMENTE COMO DIAGRAMA HIERRO CARBONO.

Se analizará a fondo este diagrama por dos razones:

PRIMERA. Es que las aleaciones de hierro carburo de fierro como los aceros y fundiciones son los materiales metálicos ferrosos que han tenido la más alta aplicación técnica.

SEGUNDA. Es que el diagrama de equilibrio hierro carbono incluye como elementos los tipos más individuales de los diagramas de equilibrio simples. Esto permite estudiarlas de un modo eficaz puesto que bajo una concentración de 25% atómico (6.65% de carbono en peso), se efectúa la reacción de hierro con carbono obteniéndose carburo de hierro, razón por la cual estamos trazando en realidad un diagrama de hierro carburo de hierro y no el de hierro carbono.

Para comprender más a fondo el diagrama de hierro carburo de fierro hay que familiarizarse inicialmente con fases principales que se forman en las aleaciones de hierro carbono.

El hierro tiene una temperatura de fusión de 1535 a 1539 °C en estado sólido, una de las propiedades del hierro es el fenómeno de alotropía (pasa de un estado cristalino a otro) a temperaturas menores de 910°C y mayores a 1400°C, el hierro tiene la red especial cúbica centrada en el cuerpo (9 centros de átomos.

En el primer caso (menos de 910°C) se llama hierro alfa (hasta 768°C) el hierro alfa es magnético. Por esta temperatura no lo es, y frecuentemente se denomina hierro beta, o bien, hierro alfa no magnético.

El segundo caso por arriba 400°C se le denomina hierro delta; entre las temperaturas de 910°C y 1400°C, el hierro tiene la red cúbica centrada en las caras (14 centros de átomos y se le denomina hierro gama).

El hierro alfa y el hierro delta, disuelven una pequeña cantidad de carbono, la solubilidad máxima de carbono en hierro alfa de 0.025 puntos por ciento a temperatura de 723°C; a las soluciones indicadas de carbono en hierro alfa y en hierro delta, se les denomina ferrita.

El diagrama metaestable de hierro carburo de hierro o hierro carbono se compone de varias zonas limitadas por diferentes líneas A, B, C y D está indicada la línea de líquido.

Con las letras **A, H, I, E, C, F** está indicada la línea de sólido.

Entre estas dos líneas de aleación se compone en dos fases. Entre la línea AB y la línea AHB se encuentra la solución del hierro delta. Entre las líneas BC y la línea IEC se encuentra la solución líquida más la solución sólida del hierro gama; entre las líneas CD y CF esta la solución líquida más la cementita primaria.

Entre la parte **N, I, E, S, G, N** se encuentra la zona de la austenita.

La línea horizontal **E, C, F** caracteriza la transformación eutéctica que tiene lugar a 1130- 1135°C; a la línea horizontal **P, S, K** caracteriza la transformación eutectoide que transcurre a 723°C.

En la zona **G, S, P, G** se encuentra la ferrita más la austenita, y en la zona E, S, O, E se encuentra la austenita más la cementita secundaria.

En la zona **E, C, L, O, E** se encuentra la austenita, la cementita secundaria y la ledeburita.

En la zona **C, F, K, L, C** se encuentra la ledeburita más la cementita primaria. En las primeras zonas **A, H, N** y **G, P , Q** se encuentra la ferrita.

De acuerdo con el diagrama según las condiciones de procedencia, la cementita se subdivide en primaria, segregada a partir de la solución líquida a lo largo de la línea **CD** (línea de equilibrio de la solución líquida con la cementita) denominada algunas veces cementita eutéctica; y secundaria que se precipita de la ausenta a lo largo de la línea **ES**.

(Línea de equilibrio de la ausenta con la cementita secundaria) eutectoide parte integrante de la perlita; y terciaria que se desprende a partir de la ferrita a lo largo de la línea **PQ** (línea de equilibrio de la ferrita con la cementita terciaria).

Las temperaturas o puntos de transformación del hierro de una modificación a otra de las transformaciones eutectoides y magnéticas se denomina crítica.

El punto **A1** corresponde a la temperatura de transformación de la perlita en austenita y austenita en perlita (723°C).

El punto **A2** corresponde a la temperatura de transformación del hierro alfa magnético en hierro alfa no magnético o también llamado hierro beta (768°C).

El punto **A3** corresponde a la temperatura de transformación del hierro alfa en hierro gama y viceversa (919°C).

Debido a que las temperaturas reales de transformación durante el calentamiento y enfriamiento deben de diferenciarse, estas temperaturas críticas durante el calentamiento se designan con el subíndice **"c"** y durante esta forma se acostumbra escribir **Ac1** y/o **A c1.**

La temperatura de 910°C para el punto **A3** corresponde a la transformación del hierro puro. Si el hierro gama contiene carbono, entonces la posición del punto **A3** será más baja en el diagrama hierro carburo de hierro sobre la línea **GS,** a la temperatura de 768°C, el punto **A3** coincide con el punto **A2** y las temperaturas de 723°C coincide con el punto **A1.**

DIAGRAMA DE EQUILIBRIO HIERRO-CARBONO

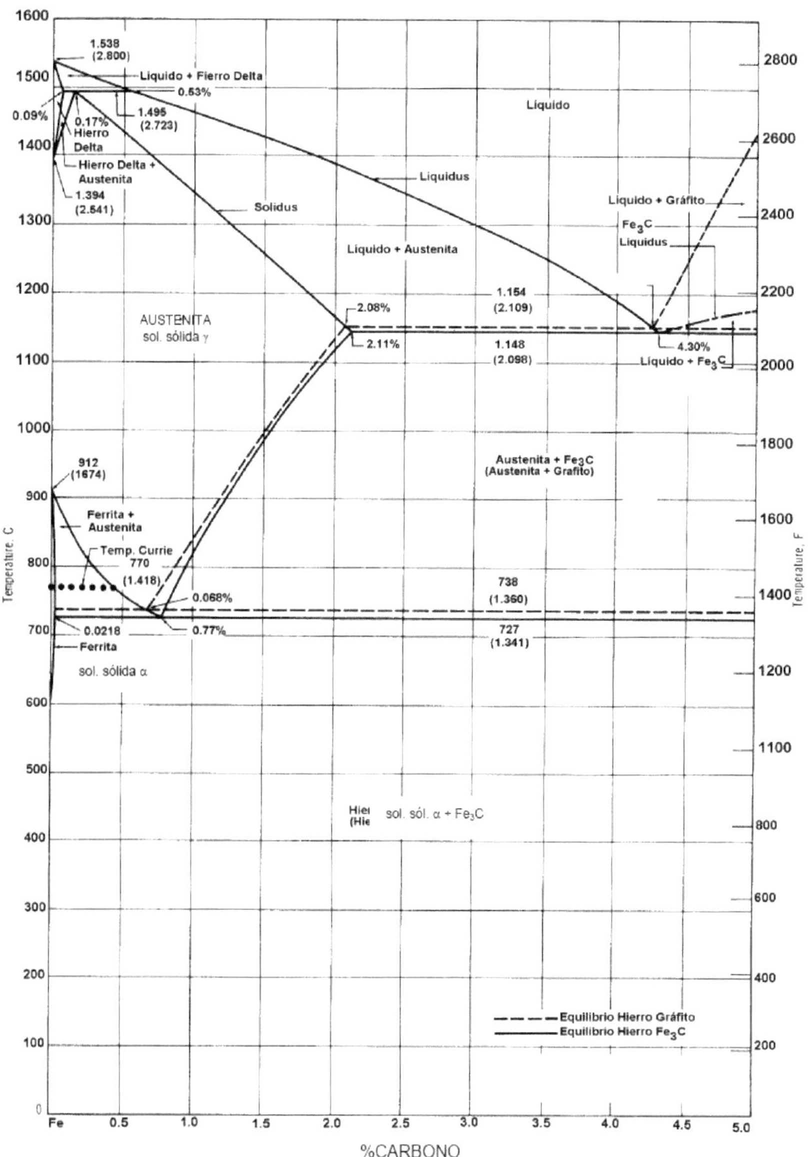

Fig. 1.4 - Diagrama hierro carbono

TERMINOS UTILIZADOS COMÚNMENTE EN LA INTERPRETACIÓN DEL DIAGRAMA HIERRO CARBURO DE HIERRO.

Austenita. Es la definida como la solución sólida del carbón en hierro gama que dependiendo de la velocidad de enfriamiento que se practique en ella puede descomponerse en cuatro productos que son: martensita, sorbita, trostita y perlita.

Fig. 1.5 - Microestructura d e la austenita

Cementita. Es una aleación de hierro carburo de hierro que contiene hasta 6.65% de carbono en peso, es muy dura y frágil (aproximadamente 700 HBN) la temperatura superior es a los 210°C, la cementita no tiene propiedades magnéticas, no es estable, especialmente a altas temperaturas y se desintegra en grafito o solución sólida, ferrita o austenita, según la temperatura.

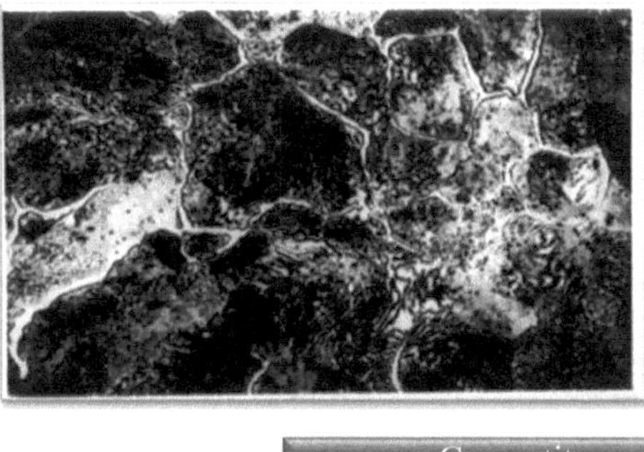

Fig. 1.6 - Microestructura del acero 1%C, red blanca del cementita

Aleación Eutéctica. Es la mezcla de dos o más fases que corresponden al punto de encuentro de dos o más líneas de solidificación y que por tanto se solidifican a temperaturas más bajas que los demás. Así mismo es la mezcla mecánica de dos fases formadas, durante la cristalización a partir del líquido o bien es la desintegración de la solución líquida.

Acero Eutectoide. Se le denomina acero al carbón ya que tiene un contenido de 0.87% de carbono. En estado de recocido está constituido exclusivamente por perlita. Por lo mismo el punto crítico alcanza la temperatura mínima de 723°C.

Ferrita. A la solución de carbono de hierro carbono en hierro alfa o hierro delta se le denomina ferrita, es muy plástica y blanda (según el tamaño de los cristales puede variar de 65 a 130 HBN).

Por debajo de los 768°C tiene propiedades muy acentuadas.

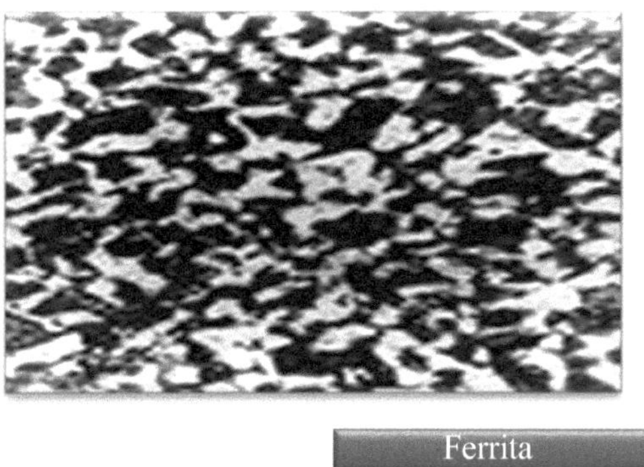

Fig. 1.7 - Microestructura del acero al carbono, cristales blancos de ferrita

Acero Hipoeutectoide. Es el nombre específico que se le da a los aceros con un contenido de carbono menor a los 0.87 puntos por ciento.

Acero Hipereutectoide. Es el nombre específico que se le da a los aceros con un contenido de carbono superior al eutectoide, esto es comprendido desde 0.88 a 2 puntos por ciento.

Ledeburita. Es la mezcla eutéctica de austenita con cementita que se forma al solidificarse la solución líquida a la temperatura de 1130 a 1135°C y con un contenido de 4.3 puntos por ciento de carbono.

Martensita. Es la estructura cristalina constituida por una solución de carbono de hierro en el hierro alfa, se caracteriza del acero templado. Puede formarse también por el revenido de la austenita a baja temperatura.

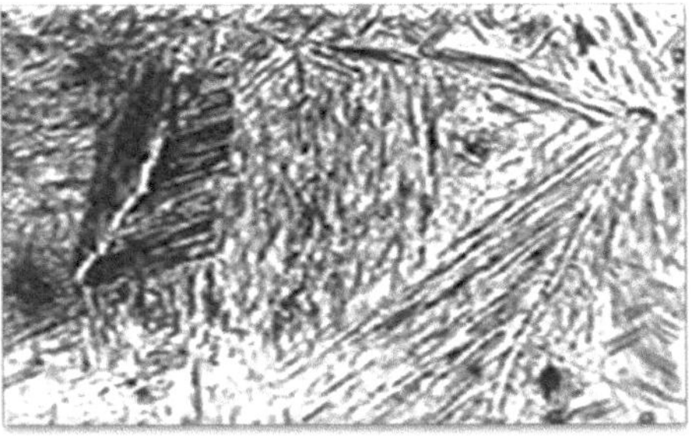

Fig. 1.8 - Microestructura típica de la

La martensita presenta estructura triangular en forma de agujas, es dura y frágil. Calentando la martensita se descompone con separación de cementita, obteniéndose sucesivamente la estructura de la trostita y sorbita (acero templado y revenido) continuando el calentamiento se obtiene la perlita.

Perlita. Es el eutectoide constituyente de los aceros recocidos, con un por ciento de carbono de 0.87 puntos. Esta formado por una aleación o mezcla de hierro alfa o ferrita con cementita. Vista al microscopio metalográfico la perlita se presenta en láminas alternadas e irisadas. Si el carbono se prepara finamente, dispersándose se obtiene la perlita globular que es el resultado de un tratamiento de esferoidización.

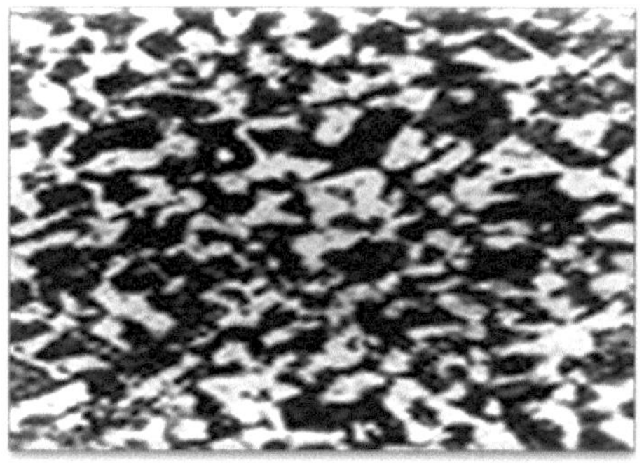

Fig. 1.9 - Microestructura del acero al carbono, cristales oscuros de perlita

Sorbita. es el micro constituyente de los aceros templados y completamente revenidos, su estructura es finísima.

Trostita. es el primero de los dos constituyentes de los aceros entre la martensita (aceros al temple completo) y la sorbita.

Temperatura Crítica. Se le llama así a la temperatura o puntos de transformación del hierro de una modificación a otra, de las transformaciones eutectoides o magnéticas (cambios de fases) en general se denomina así a cualquier temperatura sobre la línea o líneas de transformación o cambio de fase en el diagrama hierro carbono.

1.1. METALURGIA DEL ALUMINIO.

MINERALES DE OBTENCIÓN:

Bauxita: sesquióxido de aluminio trihidratado, es el mineral más importante del aluminio.

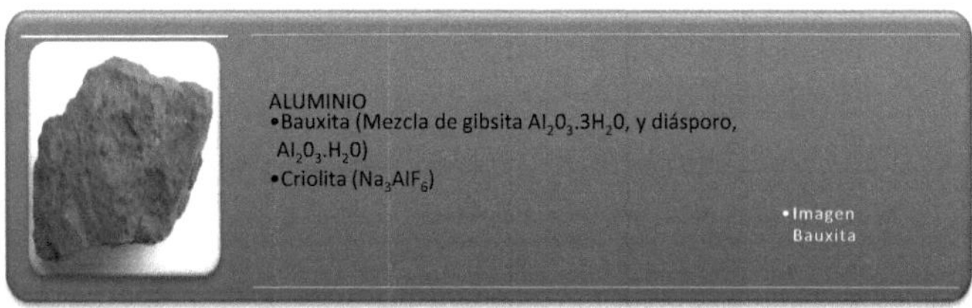

Fig. 1.10 - Mineral Bauxita

Criolita: fluoruro doble de aluminio y sodio, se utilizan la metalurgia del aluminio como un solvente para la alúmina o bauxita. Como la alúmina contiene impurezas se realiza siempre un proceso de refinación conocido como proceso Bayer.

PROCESO BAYER.

La alúmina se muele grano fino y segaba para separar la arcilla, secándose posteriormente. Enseguida se deposita recipientes parecidos a los autos claves mezclados con una solución de sosa cáustica caliente que sólo utiliza la alúmina como alúmina como alúminato de sodio.

La reacción se efectúa a una presión de 5,5 kg sobre cm2 durante un tiempo apropiado según sea la cantidad. En la solución conteniendo el alúmina todo estudio se filtra y se pasa a tanques de precipitación agregando les una pequeña cantidad de alúmina hidratada y posteriormente se enfría lentamente.

Durante este enfriamiento lento se forma y precipita gradualmente en trihidrato de aluminio por hidrólisis de alúminato, esto indica que la relación se vuelve reversible aprecia y temperaturas normales. El trihidrato de aluminio se separa por filtración o se calcina un poco más del 1000% quedando esta alúmina y lista para la obtención del material mediante el proceso Hall .

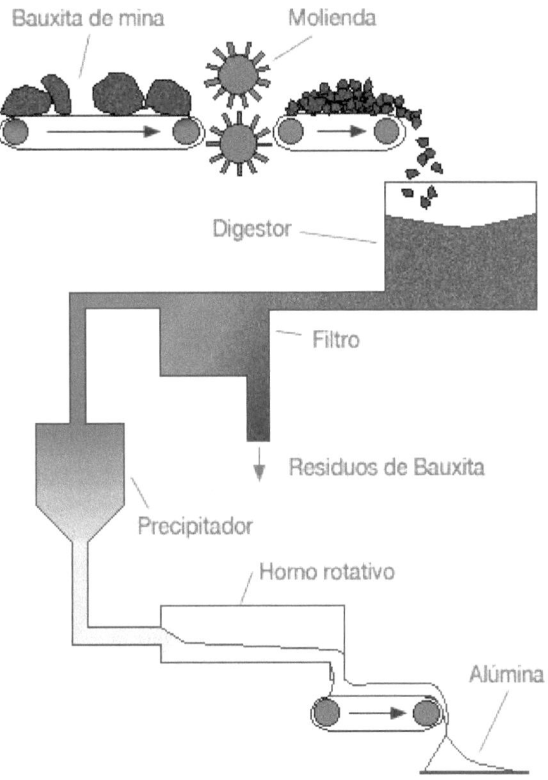

Fig. 1.11 - Proceso de obtención de alúmina

PROCESO HALL.

Es electrolítico y requiere aproximadamente 22 kw/h por cada kilogramo de metal. La senda electrolítica consiste de una caja de acero y revestida interiormente con una mezcla de carbón de coque y alquitrán formar a directamente sobre la celda cosiendo se posteriormente a elevaba temperatura, el revestimiento constituye el cátodo.

Los Ánodos de carbón se hacen de la misma mezcla y se cuecen para obtener más electrodos duros y densos de sección rectangular o cuadrada, colocados en una barra que pueden ser subida o bajada según sea necesario.

Durante la operación de celda se llena con una mezcla fundida de alúmina y criolita, agregándose otras tales como fluoruro de calcio, que actúa como fundente. Es necesario controlar la composición de baño y su temperatura justamente por abajo de 1.000° centígrados.

El aluminio es separado, durante el electrolisis es más pesadas que el electrolito, acumulándose en el fondo de la celda de donde se extrae intermitentemente. Este último se vuelve a fundir para eliminar las sales que quedar ocluidas, vaciándose en forma de lingotes cuya dureza varía entre 95 y 99,5% de aluminio.

Celda electrolítica para la producción de aluminio. Se conoce como el proceso Hoopes.

En este proceso se utiliza en una celda, una sal fundida como electrolito que contiene tres capas líquidas. El fondo contiene una capa de aleación fundida de aluminio-cobre con 25% o más de cobre que funciona como ánodo. Encima de esta capa flota y electrolito que es menos denso, formado por una mezcla fundida criolitica, fluoruro de aluminio, alúmina y cloruro de bario.

Arriba de esta etapa intermedia se encuentra el cátodo, formado por una capa fundida de aluminio refinados, el contacto electrolítico se hace con electrodos de grafito. Durante la electrolisis, el aluminio de las capas anódica de la alegación pensada de aluminio o cobre se disuelve y atravesando la capa intermedia del electrolito se deposita en el cátodo.

El aluminio refinado se extrae intermitentemente y agregando aluminio de menor pureza a la alegación pensado del fondo, la operación se hace continua obteniéndose así un aluminio del 99,99% de pureza.

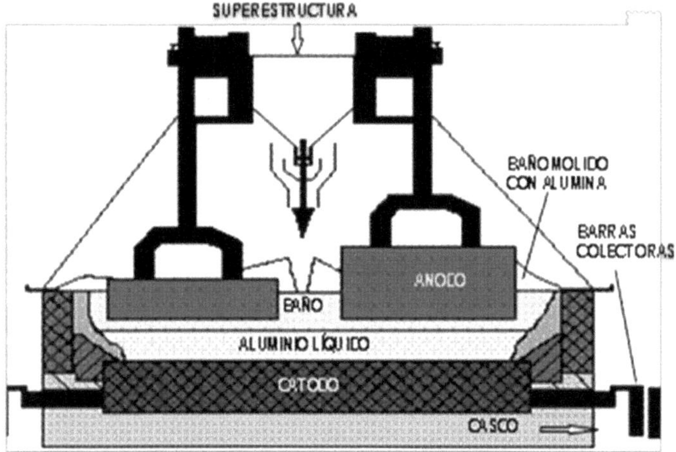

Fig. 1.12 - Esquema general de una celda Hall-Heroult, mostrando una sección transversal típica.

PROPIEDADES.

El aluminio es un metal de color plateado, el de alta pureza tienen mayor resistencia a la corrosión que el comercial, su conductividad eléctrica es de 61 por 100 y para pesos iguales su conductividad es aproximadamente el doble de la del cobre.

El ácido sulfúrico diluido casi no la ataca,
pero concentrado en lo disuelve rápidamente.
El ácido clorhídrico lo ataca a fácilmente en
cualquier proporción.
Las soluciones de sosa
cáustica lo disuelven
rápidamente. Es un excelente
conductor al calor.

Debido a sus propiedades o a la combinación de ellas lo hacen aceptable para el uso que se requiera a nivel industrial, dichas propiedades son:

1. Bajo peso específico.

2. Resistencia a la corrosión.

3. Altas conductividad es térmicas y eléctricas.

4. No es tóxico, ni magnético.

USOS

Se usa el extensamente en las industrias químicas y alimenticias, la fabricación de tanques de almacenamiento, válvulas, evaporadores al vacío, condensadores, cambiadores de calor, destiladores, tablas para botellas, tubos flexibles, etc. En la industria eléctrica para alambres y cables, y en general para todo tipo de transporte como son los aviones, carros de ferrocarril, carrocería de autobuses, automóviles, partes de motores, muebles, baterías de cocina, remaches, barras, perfiles.

1.2. ALEACIÓN DE ANTIMONIO-PLOMO - ESTAÑO.

Estas aleaciones se utilizan como metales antifricción, pero particularmente como metales **PARA IMPRESIÓN** y en general para "**vaciados**". Los metales para impresión que se enlistarán a continuación están descritos según la **Norma Oficial Mexicana (NOM)** de la **Dirección General de Normas (DGN)** aprobadas por la SECOFI para los tipos de metales más empleados en dicho campo.

Los metales para impresión son:

1. **Metal para monotipo NOV-43:** se llama metal para monotipo a la aleación de plomo- antimonio y estaño que se utiliza para hacer tipos "sueltos" para impresión en máquinas tipográficas directamente sobre el papel en prensas mecánicas planas llamadas de "pedal" por ser tipos sueltos formados por el monotipo.
   Las aleaciones se clasifican en 9 grados cuya composición varía como sigue: 64-75% de plomo, 16-30% de antimonio, 6- 12% de estaño y 0.25- 0.5% de cobre.

2. **Linotipo.** se utiliza para hacer líneas enteras tipográficas. Comprende 5 tipos o grados cuya composición varía como sigue: 81- 87% de plomo, 10-14% de antimonio y 3- 5% de estaño.

3. **Metal para estereotipo NOV-43 DGN:** se utiliza para reproducir páginas enteras o partes de ellas, teniendo la propiedad de reproducir con gran fidelidad todo

detalle del molde o matriz con la suficiente dureza y durabilidad para reproducir un gran número de copias para impresión, ese metal comprende 5 tipos o grados cuya composición varia como sigue: 77-81% de plomo, 14- 18% de antimonio y 4- 8% de estaño.

4. Se utiliza en forma de placas sobre las cuales se depositan electrolíticamente una capa en la cual se forma el electrotipo comprendiendo dos tipos o grados:
- **Base de metal:** 88- 91% de plomo, 3- 5% de antimonio y 8- 10% de estaño.
- **Mezcla de refundición:** 65% de plomo, 25% de antimonio y 10.5% de estaño.

MATERIALES PARA PLACAS DE ACUMULADORES.

Las aleaciones que contienen del 4 al 12% de antimonio mejoran sus cualidades de vaciado agregando del 0.25% al 0.5% de estaño, razón por la cual las placas de los acumuladores para los automóviles tienen esta composición.

El antimonio no solamente endurece el metal de la placa, también permite los vaciados, disminuye la deformación con los cambios de la temperatura y reduce la corrosión electrolítica durante el uso.

El antimonio como endurecedor no tiene sustituto satisfactorio, sin embargo, como desventaja produce un auto descarga muy lenta de la batería liberando hidrógeno en las placas positivas. Se ha ensayado en el Cadmio, plata, bismuto y calcio, y solo este último (calcio) ha sido satisfactorio, poseyendo menos descarga, pero como desventaja es que se escorifica fácilmente.

1.3. METALURGIA DEL BERILIO.

El berilio (Be) fue descubierto por **Vauquelin** en 1798 en el mineral berilio, **Be3Al2Si6D18**; se conoce también el elemento con el nombre de glucinio (del griego "dulce"), debido al sabor de sus compuestos solubles.

MINERALES DE OBTENCIÓN.

El principal mineral del berilio es un **aluminosilicatos (berilio)**; en segundo término, están los minerales de tipo silicato los cuales son:
La bertrandita 4BeO2SiO2
La fenicita BeSiO4

El berilio es comúnmente de color verde y cuando forma cristales limpios construye la piedra más preciosa denominada esmeralda. El color verde se debe a que contiene cromo, pero cuando tiende a un color verde azulado se denomina aguamarina. El berilio también se encuentra en otros minerales que la mayoría de las veces son silicatos

refractarios como: la **berilonita (NaBePO4)**; el **soberil
(Be(AIO2)2)**; la **hambergita (Be2HBO4)**.

REFINACIÓN

Para extraer el berilio de sus minerales, se muele el
mineral y se somete a tratamiento en caliente y a presión
elevada por el ácido sulfúrico concentrado. Al enfriarse
cristaliza el sulfato de berilio y sulfato de aluminio del
extracto de ácido, el sulfuro de berilio se convierte
generalmente en cloruro, y este cloruro se somete a
electrólisis después de mezclarlo con cloruro de sodio.

Otro método consiste en traer el mineral con fluoruro
de hidrógeno. La mezcla resultante de fluoruro de berilio y
fluoruro de aluminio se funde y se somete a electrólisis. Para
la obtención de berilio metálico por electrólisis, el berilio
puro se obtiene transformando en primer lugar la mena en el
óxido (BeO), entonces el óxido se convierte en cloruro o
fluoruro. El fluoruro se calienta en un horno a 1000°C
aproximadamente, en presencia de magnesio.

BeF2(s) + Mg(1) Be(s) + MgF2(s)

PROPIEDADES.

El berilio es un metal de color de acero gris. Su densidad es (1.84 gr/cm^3), la temperatura de fusión es de 1283° C. Tiene dos modificadores alotrópicos: hasta 1250°C existe una red conocida como berilio y a temperaturas más altas, como berilio B con una red cúbica centrada.

El módulo de elasticidad del berilio es de 2900- 3100 kg/m^2 supera más de cuatro veces el módulo de elasticidad del berilio B. El berilio en forma metálica, es usado para hacer ventanas para tubos de rayos X. El berilio es útil en la producción de aleaciones con propiedades especiales.

Ejemplo: aleando el cobre con 2- 2.5% de berilio, se obtiene el bronce de berilio, de color dorado, gran resistencia y capacidad para endurecerse por "tratamiento térmico" al igual que los aceros. Los melles de bronce de berilio son sumamente resistentes y elásticos y aventajan a los resortes de hacer en que no se fatigan gradualmente con el uso.

Aleando níquel con un poco de berilio se obtiene un producto duro y liso muy apropiado para hacer cojinetes en los motores de aeroplanos. También a veces lo utilizan para mejorar las propiedades del acero inoxidable.

Los defectos del berilio son: dificultad de su extracción del mineral, alto costo, toxicidad que existe el empleo de medidas especiales de defensa durante su producción y su baja plasticidad. La cantidad de berilio en la corteza terrestre es pequeña, todo eso limita el empleo del berilio.

Otra característica se refiere a la alta velocidad que alcanza el sonido en el metal puro, el valor calculado de 12,600 m/seg, es 2.5 veces mayor al del acero que le sigue en rigidez. El aire lo ataca muy poco a temperaturas ordinarias, pero en presencia del calor se recubre el óxido, es posible tanto en ácidos como en bases fuertes.

USOS.

Dada su ligereza y excelente capacidad para alearse, el berilio parte de un buen número de aleaciones, algunas de las cuales son muy útiles, en vista de su conductividad térmica, su carácter no magnético, su resistencia a la corrosión y el hecho de que no produce chispas.

El berilio se usa sobre todo en aleaciones con cobre para acentuar su dureza, se usa en las cuchillas de los interruptores, en as rondanas y en las herramientas que no producen chispas, el berilio puede chapearse con plata, oro, cadmio, indio y estaño.

El berilio se utiliza en la fabricación de tubos, perfiles, chapas y otros productos. Los compuestos de berilio solubles aún en pequeño grado son muy tóxicos, por esta razón se ha descartado su empleo en las lámparas fluorescentes.

También se usa como moderador de los neutrones producidas en reacciones nucleares, ya que el berilio no absorbe con facilidad la radiación de alta energía. El berilio es muy venenoso, y esto limita el uso en la industria.

1.4. METALURGIA DEL COBRE.

El cobre se encuentra en la naturaleza en estado abundante como mineral. **MINERALES DE OBTENCIÓN.**

- **Calcopirita o calcopirita ($CuFe2S3$):** es sulfuro doble de cobre y hierro, siendo este mineral más importante de color amarillo brillante.
- **Calcocita o chalcopita ($Cu2S$):** muy abundante y junto con el material anterior constituyen los minerales más comunes del cobre.

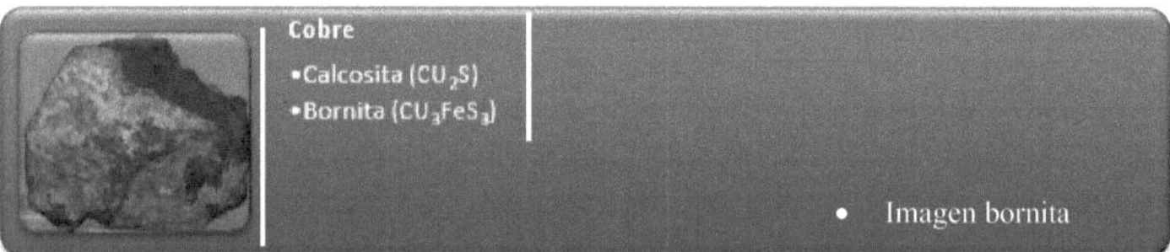

Fig. 1.13 - Mineral bornita

MINERALES OXIDADOS.

- **Cuprita (Cu2O):** llamado también óxido rojo de cobre.
- **Malacolita (CuO):** llamado también óxido negro de cobre.
- **Malaquita(CuCO3Cu(OH)2):**denominado sobre carbonatado de color verde brillante.
- **Azurita (2CuCO3Cu(OH)2):** carbonato básico de cobre de color azul fuerte.

Las operaciones generales que se emplean en la obtención de cobre, en orden de aplicación son las siguientes:

- **Concentración.**
- **Tostación.**
- **Fusión o fundición.**
- **Conversión.**
- **Refinación.**

CONCENTRACIÓN.

Mediante el conocido sistema de concentración por la flotación se logra extraer alrededor del 95% del cobre contenido en los minerales.

TOSTACIÓN.

Al mineral concentrado se le somete a calentamiento en presencia de aire a temperatura más o menos elevada SIN LLEGAR A SU FUSIÓN. El contenido de azufre se elimina parcialmente siendo el objetivo de la tostación eliminar el contenido de azufre del mineral tostado, para que la carga, cuando se funda, produzca una masa metálica que pueda tratarse en FORMA ECONÓMICA en un convertidor.

El contenido de azufre durante la tostación disminuye del 35 al 80% aproximadamente, esto es, que el mineral sulfurado no se oxida totalmente, siendo sus principales reacciones:

$$\longrightarrow 2Cu_2S + 4\,O_2 \uparrow \qquad 4CuO + 2SO_2$$

$$\longrightarrow 2FeS_2 + SO_2 \uparrow \qquad 2FeO + 4SO_2$$

FUSIÓN.

El mineral tostado y aún caliente se carga en un horno de reverbero y se calienta hasta fundirlo, usando como carga adicional un material fundente cuya naturaleza varía como sigue:

- **Si el mineral es ácido, el fundente será básico.**
- **Si el material es básico, el fundente es ácido.**

Durante la fusión se logra la formación de una capa de metal "crudo" fundido conocido como mata o mate y una escoria que se combina con el óxido de hierro y otros óxidos eliminados.

En resumen, los productos del horno de reverbero son:

1. **Mata o mate:** conteniendo casi todo el cobre y parte del fierro y azufre de la carga original, también tienen la propiedad de disolver los metales preciosos originalmente contenidos en el mineral.
2. **Escoria.**
3. **Gases que arrastran polvos.**

**Las aleaciones más importantes que se
realizan durante una fusión son:**

⟶ FeO + SiO   FeSiO

⟶ CuS + 2CuO   4Cu + SO

Quedando el sulfuro de fierro y sulfuro cuproso residuales que forman fundamentalmente la mata o mate.

La temperatura dentro del horno de reverbero es de 1400 a 1600°C, una vez obtenida la mata se realiza otra operación de **OXIDACIÓN** conocida como conversión.

CONVERSIÓN.

En esta operación la mata o mate se transforma en cobre metálico mediante la inyección de aire a través de la mata o mate fundida, en tanto este contenida en un recipiente conocido como un convertidor.

Durante la operación, el sulfuro de fierro residual se oxida como óxido de fierro (FeO) el cual se escorifica con sílice utilizada como fundente eliminándose como silicato ferroso o escoria.

A continuación, se inicia la oxidación del sulfuro de cobre y tan pronto se oxida como óxido cuproso ($Cu2O$), reacciona con el sulfuro de cobre residual formándose el cobre metálico (Cu) permaneciendo la mayor parte de los metales preciosos disueltos en el cobre metálico.

Los productos del convertidor son:

1. Cobre bruto o blister.

Denominado así porque el vaciado, durante su solidificación, el bióxido de azufre disuelto se separa del metal formando burbujas en la superficie produciendo una apariencia de ampollas.

2. Escoria.

Bastante rica en cobre, la cual se regresa al horno de fundición para su aprovechamiento posterior o reproceso.

3. Gases que arrastran polvos.

Las reacciones que suceden en el convertidor son las siguientes: **Primer paso.**

$\longrightarrow$ FeS + 3 O2   2FeO + 2SO2

$\longrightarrow$ FeO + Si O2   4CuO + 2SO2

Segundo paso.

$\longrightarrow$ 2Cu2S + 3 O2↑   3CuO + 2SO2

$\longrightarrow$ Cu2S + Cu2O   4Cu + SO2

El cobre Blister contiene impurezas y además metales preciosos por lo cual es necesario refinarlo. **REFINACIÓN.**

Es necesario refinar el cobre inicialmente por fusión o fundición y posteriormente por **ELECTROLISIS.**

1. Refinación por fusión.

Se realiza en un horno de reverbero y una vez que la carga se ha fundido se procede primeramente a efectuar una oxidación, inyectando aire a presión a través de boquillas distribuidas en las masas fundidas o bien agitando magníficamente la superficie del metal. En ambos casos las impurezas existentes se oxidan y se escapan con los gases o bien, forman una escoria, la cual se extrae continuamente hasta que ya no se genere más escoria.

Estas condiciones se someten al siguiente paso que es de reducción, el metal fundido se cubre con una cara de carbón vegetal pudiendo ser pulverizado, quedando listo para la fase siguiente conocida como espuma de cobre, en México también se conoce este paso como POLEADO o MADEREADO.

En este proceso se logra la reducción del óxido cuproso a la cantidad adecuada, la operación se realiza introduciendo ramas o leños de madera verde con el objeto de crear la destilación destructiva de la madera con el calor del metal fundido, desprendiéndose hidrógeno, hidrocarburos y monóxido de carbono, que sirve para reducir el óxido cuproso generándose también mucho vapor de agua, todo ello al desprenderse agitan el metal acelerando la reacción.

Cuando el metal está listo, se vacía el horno a lingoteras en forma de placas rectangulares o placas anódicas las cuales se trasladan al departamento de refinación electrolítica donde se refinan finalmente.

2. Refinación electrolítica por electrólisis.

En este método el cobre impuro o bien purificado por inducción se coloca   en placas rectangulares con un peso entre 200 y 100kg y se introducen en un baño electrolítico formado por una solución al 5% del sulfato de cobre y 15% de ácido sulfúrico, estas placas constituyen al ánodo. A cierta distancia se cuelgan láminas de cobre electrolítico las cuales forman al cátodo.

Durante la electrolisis el ácido disuelve
gradualmente el cobre del ánodo y se deposita en el cátodo.

Los metales preciosos y el bismuto permanecen insolubles en los átomos anódicos, los cuales se desprenden y caen al fondo del tanque o celda electrolítica donde se recuperan.

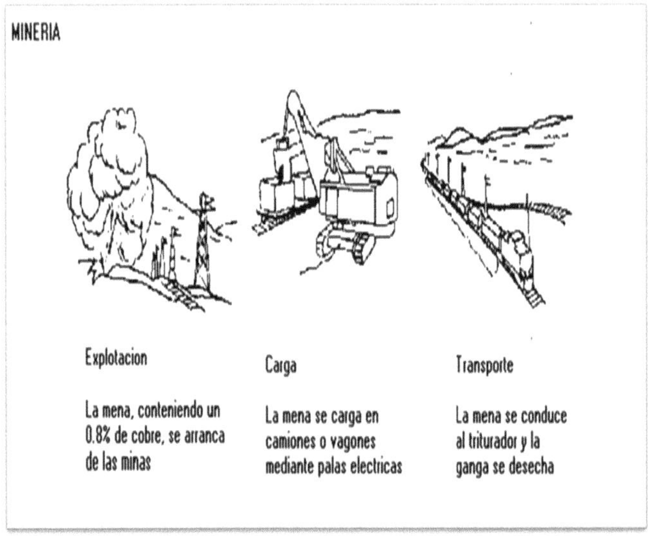

Fig. 1.14 - Minería

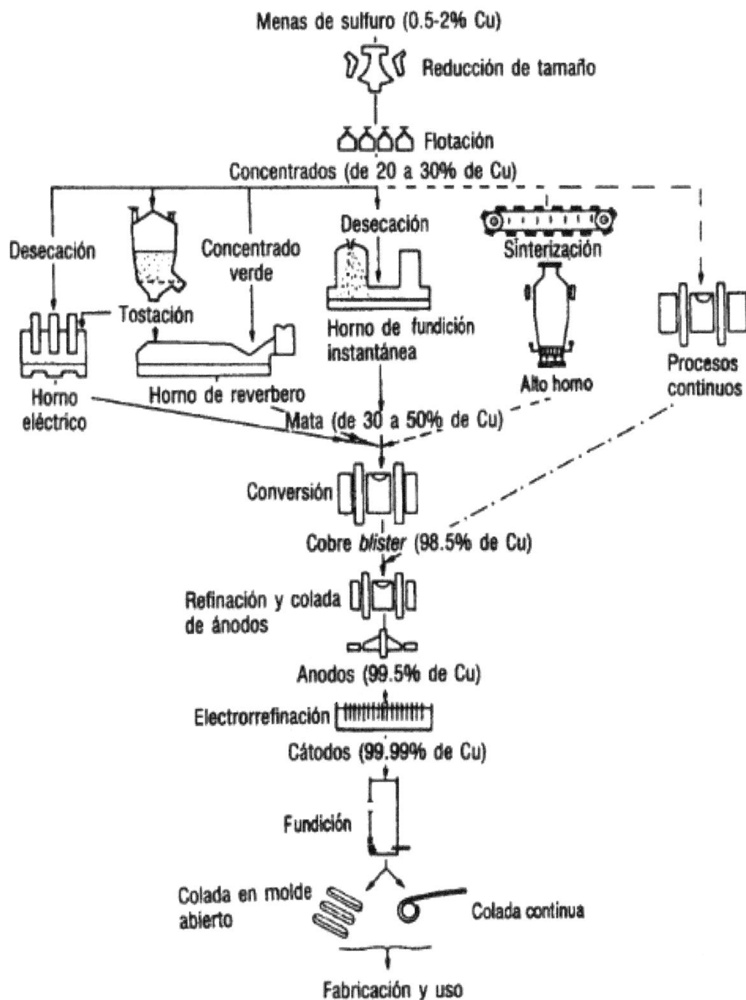

Fig. 1.15 - Esquema general de procesamiento del cobre

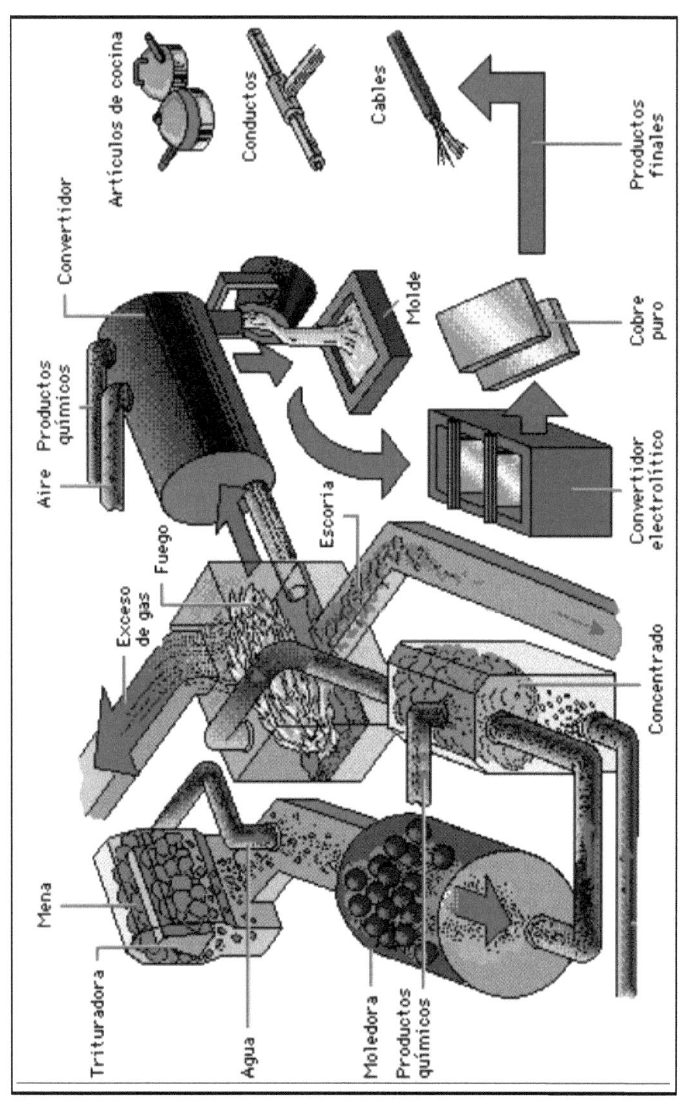

Fig. 1.16 - Proceso del cobre

50

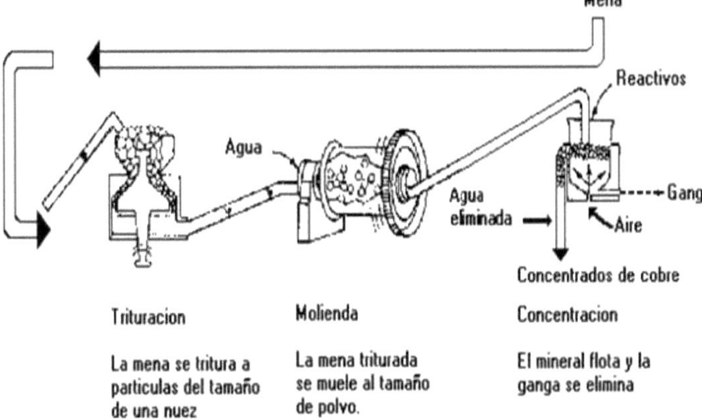

Fig. 1.17 - Molienda de mena del cobre

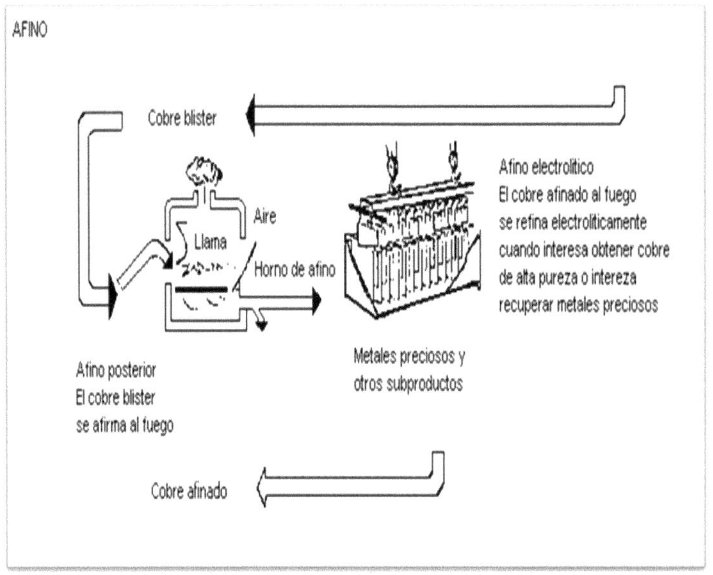

Fig. 1.18 - Afino

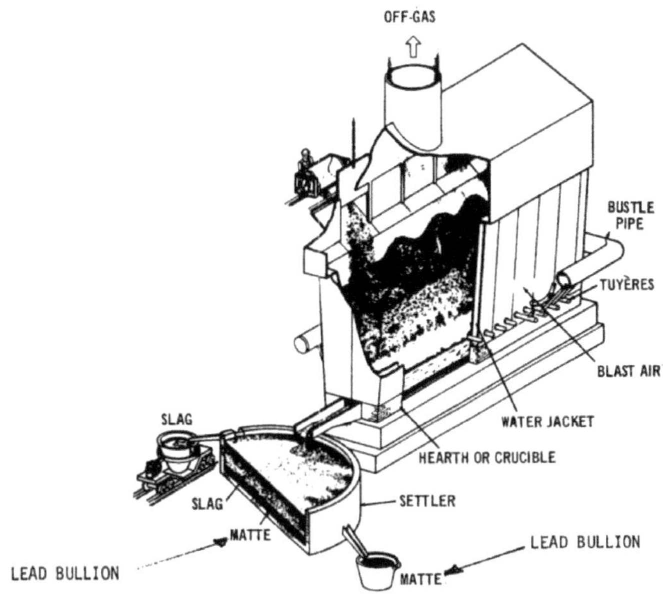

Fig. 1.19 - Corte de horno

PROPIEDADES.

El cobre es un metal de color rojo, cristaliza, en la red cúbica de cargas centradas (14 átomos) y se caracteriza por la facilidad de trabajar en frío. Es magnífico conductor térmico y eléctrico, superado por este último la plata y el oro.

Cuando se calienta el rojo y se enfría lentamente se vuelve frágil, en cambio cuando se ENFRÍA RAPIDAMENTE se vuelva suave y dúctil. La fragilidad se debe a la estructura cristalina gruesa que se desarrolla durante el enfriamiento lento. En presencia del ácido sulfúrico (H2SO4) forma una película de sulfuro de cobre. Tiene muy baja resistencia a la corrosión del azufre y sus compuestos. Resiste a la acción de los álcalis (sales) exceptuando las aminiacales.

El ácido sulfúrico (H2SO4) concentrado y caliente lo disuelve, el ácido nítrico (HNO3) lo disuelve en cualquier proporción TODOS SUS COMPUESTOS SON VENENOSOS.

USOS.

La mayor parte de la producción del cobre se utiliza en la industria eléctrica, ¼ parte se utiliza en la obtención de aleación de cobre (bronces, latones, cuproníquel y últimamente el sinalco).

En la fabricación de alambiques, evaporadores, condensadores, radiadores para forro de aparatos y recipientes, en fundiciones y vaciados, en la industria bélica, en equipo ferroviario, en construcciones navales, en aire acondicionado, etc.

La utilización del cobre en la industria puede atribuirse
en general a sus siguientes propiedades:

- **Altas conductividades térmicas y eléctricas.**
- **Buena resistencia a la corrosión.**
- **Facilidad de trabajar en frío y caliente.**
- **Facilidad para soldarse.**

1.5. METALURGIA DEL CROMO

HISTORIA.

El cromo lo descubrió Louis Nicolás Vauquelin en 1798 (al analizar una muestra de "plomo rojo siberiano" aisló un nuevo ácido y finalmente, obtuvo el metal por reducción del óxido); Vauquelin preparó numerosos compuestos de cromo, observando que la mayoría poseían colores notablemente característicos y, en consecuencia, designo el nuevo elemento con el nombre de cromo, de la palabra griega chroma, que significa color.

Durante los setenta años siguientes se realizaron muchos intentos para emplear este metal, pero no fue hasta 1859 en que Wöhler logró obtener el cromo por reducción de su cloruro con zinc, y sólo a principios del presente siglo se logró producir el metal en cantidades industriales recurriendo al proceso Goldschmidt.

PROPIEDADES DEL METAL

Peso atómico	**52.01**
Peso específico	**7.14**
Punto de fusión	**1615**
Punto de ebullición	**2200**
Coeficiente de expansión lineal	8.1×10^{-6}
Resistencia específica	**13.1**
Conductividad térmica	**165**
Dureza (escala Mohs)	**9.0**
Color de fusión	**31.75**
Calor específico	**12**

APLICACIONES

El cromo tiene un punto de fusión más alto, un brillo más intenso, mayor resistencia a la corrosión, mejor conductividad eléctrica y mayor dureza que el hierro. Es interesante observar cuando el cromo muy puro se ha obtenido por reducción del bióxido con hidrógeno en vacío, el metal resultante es lo bastante dúctil para ser trefilado. Es lamentable que, aún con una pureza de 99%, el cromo metal tenga una estructura granular vasta y sea tan frágil, a muchas propiedades favorables, aún sea la de una elevada resistencia.

La aplicación más importante del cromo es en la aleación llamada ferrocromo, que contiene del 60 al 80% de este metal y cantidades variables de carbono, y que se emplea como agente aleante en la fabricación de muchas aleaciones ferrosas.

Mediante la adición de cromo y níquel se puede producir una gama muy amplia de estas aleaciones, que se caracterizan por su elevada resistencia a la rotura, a la corrosión, a la abrasión, a la oxidación y a la formación de cascarilla a elevadas temperaturas.

Una cantidad relativamente pequeña de cromo se emplea en el metalizado de otros cuerpos, en los que aquel se utiliza como revestimiento protector o decorativo de otros metales que poseen menos brillo o menos resistencia a la corrosión atmosférica, es más, la dureza y resistencia al desgaste del metal depositado (en realidad se trata de una aleación cromo-hidrógeno), son muy eficaces en prologar la vida de muchos elementos de motores y de máquinas.

El cromo tiene interés industrial en varios campos:

1. En siderurgia, como elemento de aleación (aceros al cromo y aceros inoxidables).

2. Elemento de aleación para metales no ferrosos, en los que también produce mejoras en propiedades mecánicas o químicas.

3. En la electrodeposición, por su brillo decorativo y gran resistencia al desgaste, además de esistencia a la corrosión atmosférica.

4. La cromita se usa en refractarios para la fundición en hornos. Los productos de que dispone en la industria son:

A) Las ferro aleaciones, que pueden ser altas, medias, bajas en carbono, son 50- 70% Cr. B) Los ferrocromosilicios 31- 41% Cr. C) El cromo electrolítico, de una riqueza de 99.3%.

El cromo en pequeñas proporciones altera las propiedades del aluminio, del cobre y de otros metales no férreos. La única mena comercial de cromo es la cromita FeO, Cr2O3, con 46.4% de cromo. Existen menas de cromo en Rhodesia del sur, Turquía, Unión Sudafricana, Nueva Caledonia, Brasil y México. No se puede obtener cromo puro por reducción directa de ninguna mena de cromo.

FABRICACIÓN DEL CROMO

PROCESO GOLDSCHMIDT.

El cromo metal puede producirse industrialmente por aluminotermia (reducción de óxido crómico de aluminio) de acuerdo con la siguiente reacción:

$$\longrightarrow \quad Cr2O3 \ + \ 2Al \qquad\qquad 2Cr \ + \ Al2O3$$

El óxido crómico se obtiene por reducción del bicromato sódico con azufre, de acuerdo con la siguiente reacción:

$$\longrightarrow \quad Na2Cr2O7 \ + \ S \qquad Na2SO4 \ + Cr2O3$$

La reducción se lleva a cabo en un horno revestido de magnesita y sin aportación de calor, debido al hecho de que esta reacción es muy exotérmica. El cromo metal producido contiene algo de aluminio, pero, por regla general, este exceso de carbono y de otras impurezas, si se emplea un óxido crómico rico, ajustando con cuidado la cantidad de aluminio en la carga se puede obtener un metal que contenga hasta
99.5% de cromo.

De paso señalamos que, por reducción del óxido crómico con carbón, se puede obtener un polvo de cromo relativamente puro, y que, en Inglaterra, se ha patentado un proceso que se basa en la reducción con carburo de calcio (ésta reducción del óxido del cromo también se consigue con hidruro cálcico "método de Alexander". Una mezcla de óxido crómico puro y de hidruro cálcico se calienta a 900-1000°C; el hidrógeno desprendido, reduce el óxido a metal; la cal se elimina por lixiviación con ácido nítrico).

DEPOSICIÓN ELECTROLÍTICA DEL CROMO

Por electrólisis de soluciones del ácido crómico que contiene pequeñas proporciones de sulfatos, se consiguen buenos depósitos de cromo puro, aunque el costo de ésta operación tiene por resultado que el metal obtenido sea sumamente caro, principalmente debido a que el rendimiento de la corriente es tan sólo del 15%.

FABRICACIÓN DEL FERROCROMO.

PROCESO.

El ferrocromo de elevado contenido en carbono se obtiene a partir de mineral de cromo, carbón o cocke, cal y espaatofluor, en un horno de arco de una sola fase. Los hornos para la obtención de ferro aleaciones se distinguen de los de fusión de acero en los dos aspectos siguientes: en primer lugar, funcionan con hornos de resistencia, donde la formación de un arco suele ser indeseable en la mayoría de los casos y, en segundo, la carga del horno de acero. Por consiguiente, en los hornos de ferro aleación, la composición química a distintos niveles es completamente distinta de las composiciones uniformes que existen en los hornos de acero.

Los hornos para ferro aleaciones no son oscilantes, se carga continuamente por la parte superior, se sangran a intervalos de tiempo relativamente cortos (del origen de una a tres horas), pero nunca se vacían del todo; funcionan con la parte superior abierta, con los electrodos sumergidos unos 60cm en la carga y están revestidos de carbono. La reacción es muy rigurosa y la mayor parte de la reducción tiene lugar en la zona de temperatura más elevada, que se encuentra alrededor de los electrodos.

Por esta razón, el mineral en trozos da mejor resultado, ya que aumenta la transmisión de calor y reduce la formación de chimeneas. El consumo de energía es del orden 6.6 kilovatios por kilo de cromo en la aleación, y el consumo de electrodos viene a ser del orden de 27 a 32kg por tonelada de aleación.

Las aleaciones de bajo contenido de carbono pueden obtenerse por un proceso de dos fases, en la primera de las cuales el mineral de cromo se mezcla con cuarcita, cal y carbono para producir un silicio de cromo de bajo contenido de carbono. El segundo paso consiste en la adición de mineral de cromo en trozos al silicio de cromo en un segundo horno, el silicio reduce la mena, y así se obtiene un ferrocromo de alta calidad y bajo contenido de carbono.

El cromo que se utiliza para fabricar aceros especiales no es cromo metálico, sino una aleación con el hierro (ferrocromo) que contiene un 60% o más de cromo. Esta aleación que se obtiene en el horno eléctrico de arco; la reacción teórica se puede representar así:

$$\longrightarrow FeO + Cr_2O_3 + 4C \qquad Fe + 2Cr + 4CO$$

Pero puesto que el cromo se combina fácilmente con el carbono, bastante proporción de aquel se encuentra en forma de carburo $Cr_{24}C_6$ cúbico, o Cr_3C_2 ortorómbico.

En la industria siderúrgica no es conveniente el ferrocromo con mucho carbono, por lo que la calidad y el precio de la aleación es inversamente proporcional al contenido en carbono. El ferrocormo se puede descarburar mucho si se trata con cromita, que actúa de oxidante, situada debajo de una escoria básica de cal y un poco del feldespato.

Esta operación ha de realizarse con gran cuidado para que no se oxide el cromo y pase ala escoria, con lo cual se perdería.

Las aleaciones de ferrocromo se obtienen en hornos de cuba o en hornos eléctricos trifásicos, ajustando la mezcla de carga- cromita- fundente y los agentes reductores. De interés especial en estos tiempos es el uso de ferrocromo bajo en carbono (.015% C), y un proceso para obtener esta aleación; el metal Cr, de riqueza 99.996%, se ha producido en antidades limitadas por deposición de vapor del Cl3 anhídrido; pero éste es solo para usos especiales.

Diagrama de procedimiento de la obtención de ferrocromo con bajo contenido de carbono, utilizando como oxidante ferrocromo con alto contenido en carbono. No se puede obtener cromo por reducción directa de ninguna mena de cromo, y el primer paso es la separación por métodos químicos del óxido puro a partir de la cromita.

La cromita se sintetiza con carbono sódico en un horno de reverbero, a 900- 100°C, evitando la fusión, para lo que a veces se añade un poco de carbonato cálcico:

$$2FeO + Cr_2O_3 + 7/2°2 + 4Na_2CO_3$$
$$Fe_2O_3 + 4Na_2CrO_4 + 4CO_2$$

Y mediante lixiviación con agua caliente se disuelve el cromato y se filtra en la solución. Si se ha añadido carbonato o sulfato sódico se hace la digestión en un tambor rotatorio de hierro, a 120-130°C. A la solución de Na_2CrO_4 concentrada a la densidad de 1.54 se añade ácido sulfúrico.

$$\rightarrow \quad 2Na_2CrO_4 + H_2SO_4 \qquad Na_2SO_4 + Cr_2O_3$$

Y la mezcla se lixivia con agua para disolver el sulfato sódico y dejar el sexquióxido de cromo. La obtención del cromo metálico puro no se puede hacer para que la reacción se verifique, se forma carburo de cromo; sin embargo, mediante la reducción se realiza a 1185°C.

El procedimiento que se sigue para obtener el metal puro es por reducción del óxido con aluminio, conocido como aluminoterapia:

→ **Cr2O3 + 2Al**   **Al2O3 + 2Cr**

La reacción entre el óxido crómico y el aluminio no es suficientemente exotérmica para conseguir una buena fluidez de metal y de la escoria si los materiales de partida están fríos, por lo que éstos se calientan en un horno adecuado a una temperatura de 500- 600°C si se quiere evitar que queden partículas de cromo metálico incrustadas en la escoria.

El metal más puro, en la forma compacta, se produce por electrólisis, pro, sin embargo, el metal siempre contiene algo de hidrógeno y hay que fundirlo en vacío para liberarle de los gases ocluidos. El cromo metálico se puede depositar de las soluciones de ácido crómico que contiene pequeñas cantidades de sales crómicas.

Es el procedimiento que se sigue en el cromado, paro este tipo de baño no es conveniente para la obtención electrolítica del cromo o para su afino, porque los rendimientos de energía son bajos, debido a que el cromo se deposita a partir del estado hexavalente, el rendimiento de la corriente es pequeño, y el voltaje de la cuba, grande.

1.6. METALUGIA DEL ESTAÑO

MINERALES DE OBTENCIÓN.

Piedra de estaño (SnO2); es el único mineral importante del estaño, tiene color pardo- amarillento o negro y se halla cristalizado y amorfo en filones bien definidos y en granos distribuidos a veces en la masa de rocas, tales como el granito, tiene una densidad de 6.5 a 7, un lustre intenso y es demasiado duro para rayarlo con cuchillo. En los filones esta asociado con galena, blenda, pirita de cobre y hierro, piritas arcenales y otros minerales. También se halla asociado con el otro mineral de notable densidad el MOLFRAM (tungstenato de hierro); un gran número de minerales no metálicos forman suganga. El espato flúor, gránate, mica, clorita, puede mencionarse en el granito, génesis y pórfidos.

El mineral de estaño del aluvión es casiterita acumulada por la acción de los agentes atmosféricos sobre las rocas que lo contiene. Se halla en depósito aluvión en grandes cantidades en las indias orientales, Nigeria, México y otros países. Los minerales más ligeros han sido arrastrados por las lluvias, y la casiterita y minerales densos con ella asociados quedan depositados. Estaño leñoso en caserita con vaciados concéntricos más o menos semejantes a los de la madera. Los lodos son por lo general muy pobres, pues contienen a veces sólo 1% de caserita, su elevada densidad facilita el laboreo y tales minerales pueden trabajarse eficazmente por un escogido triturado y lavado cuidadoso.

- FUNDICION

Primero se calcina cuidadosamente el mineral en un horno bajo de reverbero, de gran anchura, paleando cada veinte minutos aproximadamente. El calcinador Brunton tiene solera circular, que gira alrededor de un eje vertical, efectuándose mecánicamente el removido, en los comienzos de la tostación los minerales de estaño, el calor debe ser moderado para evitar el apelmazamiento de los sulfuros presentes.

Durante la tostación el arsénico se combina con el oxígeno y se convierte en arsénico blanco (AS4O6), que se volatiza y se deposita en largos conductos dispuestos al objeto de los que se recogen, el azúcar arde en forma de SO2 y el cobre se convierte en gran parte del sulfato.

El mineral se humedece después de tostado y se forma una pila que queda abandonada durante unos días para permitir la formación de más sulfatos solubles. Se introduce en una cuba y se agita con agua.

El sulfato de cobre y demás materias solubles se disuelven quedando un sedimento compuesto principalmente de óxidos férricos y estañico. Las capas inferiores contienen mayor proporción de óxido de estaño, que se deposita más pronto por su elevada densidad. El óxido férrico se separa por lavado, y el óxido concentrado se llama estaño negro, se clasificará en varios números según su pureza.

La separación del hierro y el estaño es posible gracias a que es más fácilmente reducible que el primero. El proceso consta de dos etapas. En la primera de ellas, se reduce el mineral por el carbono a altas temperaturas, cerca de 1500k (1200°C), a fin de obtener escorias prácticamente libre de estaño.

Simultáneamente el hierro se reduce principalmente a óxido ferroso FeO y pasa casi en su totalidad a la escoria uniéndose al sílice. El estaño metálico se encuentra impurificado con hierro y silicio, ya que parte de estos minerales se puede reducir durante el proceso. La escoria contiene muy poco estaño y se desecha. El estaño obtenido metálico así obtenido, se procesó en una segunda etapa, con la adición
de concentrado fresco, en la cual se oxida el hierro y el silicio. El estaño, juega en esta etapa, es considerablemente puro, pero la escoria es rica en SnO_2 y por eso se retorna a la primera etapa.

PROPIEDADES FÍSICAS.

El estaño es un metal blanco con hermosos reflejo amarillento. Tiene un lustre intenso y es muy maleable. Por forjado puede obtener hojas de .025mm de grueso. Es dúctil, pero su resistencia a la tracción es escasa, solamente $3.3kg/mm^2$, su punto de fusión es de 232°C y no es sensiblemente volátil a las temperaturas del horno si está bien cubierto para excluir el aire en la proximidad, su punto de fusión es quebradizo y una retorta de estaño calentado hasta que los bordes comienzan a fundir, se rompe en piezas, columnas de forma especial alargadas conocidas con el nombre de granalla de estaño, si se deja caer al suelo.

El estaño impuro difícilmente se comporta así. Cuando se dobla una tira de estaño, un crujido especial que se llama grito de estaño. Se supone debido al frotamiento interno entre las partículas cristalinas. El estaño se obtiene fácilmente en cristales como el antimonio o el bismuto. Si se trata la superficie de un lingote o de una placa estañada con una mezcla de ácidos nítricos y sulfúricos; aparecen hermosas huellas cristalinas que se distinguen con el nombre de Moaré Metálico, y se utiliza en la ornamentación recubriéndolo con barnices coloreados, este metal es más conductor de calor y la electricidad.

El estaño puro colocado en moldes a baja temperatura se solidifica con aspecto metálico; pero si es impuro, presenta aspecto más o menos mate, según la proporción de impurezas que contiene. El estaño comercial contiene a menudo pequeñas cantidades de plomo, cobre, arsénico, antimonio y tungsteno.

El estaño es uno de los metales conocidos desde la antigüedad. Al principio se usó principalmente en aleaciones de cobre (bronces), aunque aún antes de nuestra era hubo objetos hechos de estaño puro, se caracteriza por su gran plasticidad y resistencia a la corrosión.

Su temperatura de fusión es de 504K (231.9°C),
mientras que la de ebullición es igual a 2453k
(2270°C), aproximadamente la mitad de la producción
mundial de este

metal se usa en el estaño de láminas de acero para fabricar letras de conserva, el resto se usa en la manufactura de aleaciones.

USOS

Los principales usos del estaño son manufactura de aleaciones para la fabricación de hojalata, el estaño de utensilios de cocina y ferretería y la obtención del papel estaño, siguen el estaño para soldadura, para metales de cojinetes, bronces, tubos y hojas, productos químicos, electro estañado, objetos de arte y de uso corriente..

Las mejores calidades de estaño del mercado son las Bancas y Stoyners, nombres que proceden de los sitios de origen, además del estaño virgen una gran cantidad de estaño del mercado procede de la recuperación del existente en las chatarras.

1.7. METALURGIA DEL MAGNESIO

El mineral libre es el estado natural, el carbonato (CO3) MG, constituye el mineral magnesita o globerita. El sulfato y el cloruro forman parte de sales dobles en los yacimientos de Stassfurt, en fuentes minerales y en el agua de mar. Los silicatos de magnesio que son corrientes, tiene importancia económica.

MINERALES DE OBTENCIÓN

La llamada magnesia alba (un carbonato básico de magnesio) para distinguirla de la magnesia negra, como se denominaba el óxido negro de manganeso y, en consecuencia, lamo "mágnum" al nuevo metal. El término "magnesium" fue aplicado al elemento derivado del mineral pirulosita (óxido negro de manganeso), para evitar confusión entre ambos nombres se adoptó la palabra "magnesium", y el magnesium fue convertido en "manganeso".

OBTENCIÓN DEL MAGNESIO

1. **Por electrólisis.** El magnesio metálico se obtiene por electrólisis del cloruro magnético anhídrido fundido, al que se añade algo de cloruro sódico para reducir el punto de fusión e incrementar la conductividad. Unas calderas de hierro colado o de acero sirven de cátodo, y una barra de grafito como ánodo, protegido por una campana de porcelana a través de la cual se escapa el cloro.

   El magnesio sube a la superficie del electrolito contenido en el compartimiento exterior, pues tiene menos densidad que la mezcla de sales fundidas. El magnesio en fusión se retira a intervalos por medio de una cuchara, y se vierte en moldes. También se procede el magnesio por electrólisis de una mezcla de óxido magnésico en un baño de fluoruro magnésico fundido.

2. **Por otros métodos.** El magnesio se prepara calentando el carbonato (globerita) o el hidróxido (bauxita) y reduciendo el óxido formado mediante el carbón. La reacción se verifica a altas temperaturas fuera del contacto del aire, el vapor de magnesio (la temperatura a la cual tiene lugar la reacción es muy superior al punto de ebullición del metal) se reduce a polvo enfriándolo con una corriente de hidrógeno o gas natural enfriado, para evitar que la reacción $MgO + C + Mg + CO$, se invierta, este proceso es un interesante ejemplo de congelación de un equilibrio.

En 1942 se desarrolló un método para reducir el óxido de magnesio con ferro silicato (aleación de hierro con silicio), en el vació. Una mezcla de briquetas de ferro silicato y dolomina calcinada (MgO y CaO) se calienta en retortas especiales de acero a unos 1150°C. El silicio reduce el óxido de magnesio; el hierro sirve para transportar el silicio, y no toma parte en la reacción.

$$\longrightarrow \quad 2MgO + Si \quad 3Mg + SiO_2 \qquad 1500°C$$

La cal se combina con el SiO_2 para formar silicato calcio, y el magnesio se condensa en el revestimiento del refrigerante de la retorta. Al final se retira el refrigerante con una carga de magnesio. La diferente contracción del acero y del magnesio depende de los dos metales, separándose el "tubo" de magnesio.

PROPIEDADES

El magnesio, de color blanco argentifiro, es el más ligero de todos los metales rígidos, es dúctil, maleable, y menos activo que los metales alcalinotérreos. En el aire húmedo, a temperaturas ordinarias, se reviste poco a poco de una carga de carbonato básico, no coherente, de modo que con el tiempo llega a corroerse por completo. El magnesio desplaza fácilmente al hidrógeno de los ácidos diluidos, y lentamente del agua hirviendo cuando se calienta, el magnesio arde en el aire con una luz blanca intensa, rica en rayos de corta longitud de onda (ultravioleta), que actúan sobre las placas fotográficas, también se emplea para señales luminosas, en pirotecnia, en bombas incendiarias.

USOS

El magnesio, que es importante por su poco peso y por su tenacidad, es muy usado en construcciones metálicas ligeras y en las aleaciones especiales con aluminio. El magnalium, por ejemplo, que contiene 1- 15% de magnesio, 1.75% de cobre y el resto de aluminio, es mucho más ligero, duro, resistente y fácil de trabajar que el aluminio puro, otras aleaciones de magnesio son:

- **Magnalium:** Brazos de balanzas, instrumentos ligeros.
- **Duraluminio:** Piezas de aeroplanos y automóviles.
- **Metal Dow:** Metal ligero muy resistente a la tracción.

Se aplica para émbolos, cajas de cigüeñales, hélices y aparatos de sonido, el magnesio y sus aleaciones son indispensables para la construcción de aeroplanos. En las dos últimas décadas a aumentado enormemente y, merced a los adelantos introducidos en métodos de extracción su costo ha bajado enormemente.

OBTENCIÓN DEL CLORURO MEGNÉSICO

El cloruro magnésico, material para la obtención del magnesio, se extrae de salmueras subterráneas, que contiene alrededor del 3% del Cl, Ca, el 14% de CINa y alrededor del 1% de bromo en forma de bromuro, Br.

En primer lugar se elimina el bromo; se precipita el hierro y otros metales mediante una suspensión de bióxido de magnesio, y el filtrado claro se evapora para que se cristalice primeramente el cloruro sódico, luego se hace cristalizar el cloruro magnésico, Cl Mg 6 H O, que se deshidrata en una atmósfera de cloruro de hidrógeno para evitar la hidrólisis y la formación de dióxido de magnesio.

OBTENCIÓN DEL MAGNESIO A PARTIR DE AGUA DE MAR

Otra fuente de cloruro del magnesio recientemente introducido, es el agua de mar, que por cada
$1000m^3$ contiene 1.37 Tons. de Mg. Se forma cloruro sulfato al calcinar conchas de ostras, y se obtiene así
cal muy pura, pues aquellas son carbonato cálcico de gran pureza.

La cal se apaga añadiendo agua suficiente para hacer un lodo espeso; éste se añade al agua de mar, de la cual se ha eliminado ya el bromo, para precipitar el hidróxido magnésico.

En cubas especiales de sedimentación, conocidas como sedimentadores Dorr, se separa el hidróxido en forma de lodo espeso de la gran cantidad de agua de mar.

Se agrega al hidróxido magnésico el ácido clorhídrico que se obtiene de quemar en el seno de gas natural; el cloro procedente de las cubas electrolíticas, con lo que se procede el cloruro. La disolución resultante se filtra y evapora finalmente, la sal cristalizada se deshidrata y electriza.

1.8. METALURGIA DEL MOLIBDENO

MINERALES DE EXTRACCIÓN

Molibdenita (MoS2); es el principal mineral del molibdeno en un 59.5% y también se obtiene pero en menor cantidad de la Wulfenita (PbMoO4), estos minerales se encuentran en la naturaleza principalmente bajo la forma de sulfuros. El mineral de molibdenita se obtiene como material secundario en el molido de las menas porfidicas de cobre, en las que resulta un concentrado que contiene aproximadamente un 30% de cobre y un .5% de molibdeno. Por tratamiento con el vapor de agua, flota el (MoS2). También se encuentra como mineral eventual en algunos granitos en cantidades menores en pigmentitas, en depósitos hidrotermales, en la casiderita y fluorita.

PROCESO

El concentrado de sulfato de molibdeno se tuesta en horno de estantes múltiples del tipo Wedge en condiciones bien reguladas de temperatura. En algunos casos esto se realiza a unos 1000°C para subliminar el trióxido, si bien es más corriente, se realiza a temperaturas más bajas, y entonces el óxido formado MoO3 se extrae con amoniaco diluido, se trata con hidróxido cálcico para producir molibdato cálcico, o se hacen con el conglomerado.

El óxido molibdico formado en la tostación, se purifica ya sea químicamente o por sublimación, y se reduce con polvo de aluminato o por medio de una corriente, siguiendo la técnica de la metalurgia de polvos, o mediante fusión en una atmósfera inerte o en vacío.

El conglomerado de polvo se puede modificar para darle otras formas, incluso la de alambre fino, mediante trabajo mecánico y tratamiento térmico, la temperatura de sinterización se ha rebajado ahora a
1500- 1700°C, y en vez de calentar haciendo pasar la corriente a través de la barra, se hace externamente; la aceleración de la sinterización de las partículas de molibdeno se consigue saturando el gas con vapor de agua.

PROPIEDADES

El disulfuro de molibdeno (MoS2) es una excelente sustancia antifricción, es muy dúctil, dependiendo de su temperatura y de su pureza, si no contiene hidrógeno ni carbono.

Su capacidad de resistencia mecánica es por encima de loo 980°C, su elevado punto de fusión y relativa cohesión, a elevadas temperaturas y el óxido formado se evapora manifiestamente por encima de los 1760°C, por lo que el metal de abajo queda desprotegido, para esto se ha ideado el chapeado, los dispositivos electrolíticos, el recubrimiento del silicio.

Es menos resistente a la corrosión, a temperatura ambiente el metal se deslumbra, y es atacado ligeramente por el agua. Funde a 250°C y comienza a arder. Los aceros hechos con este material son muy resistentes al ataque de los agentes químicos, además como ácido de sales estables como los fosdomolibdatos.

USOS

El molibdeno se utiliza para fabricar electrodos destinados a la fusión eléctrica de vidrio, para piezas de tubos electrónicos y como sostén el aplicado en los filamentos del volframio en lámparas incandescentes.

También es utilizado para calentar los hornos eléctricos de elevadas temperaturas, es utilizado en aleaciones para muchos aceros especiales a altas temperaturas, es muy útil para temperaturas elevadas sirviendo como lubricante.

1.9. METALURGIA DEL PLOMO

METALES DE OBTENCIÓN:

Galena(Pbs) es el principal mineral de extracción de color gris azulado y brillante, normalmente contiene plata, llamándose entonces plomo argentífero; así como pequeñas cantidades de oro y otras impurezas como el antimonio y el bismuto.

Cerusita(PbCO3) es carbonato de plomo de color blanco.

Los sistemas empleados para la obtención del plomo generalmente son de dos tipos:

1.-De tostación y reducción:

El mineral previamente concentrado, la galena, se somete al proceso de tostación entre 450 y 700 °C con libre acceso de aire ocurriendo lo siguientes el mineral tostado se mezcla con el carbón de cocke, fundentes y un poco de pedacearía de chatarra de fierro cargándose en un horno de cuba de soplo que en el horno de reverbero.
Se calienta la temperatura elevada y el plomo fundido reducido en el horno junto con la escoria se colecta en la parte inferior, también se deposita una cara de mata o mate.

Todos esos productos se extraen INTERMITENTEMENTE POR SEPARADO en el siguiente orden:
-Plomo
Mata, mate-escoria

Las reacciones esenciales durante la reducción son las siguientes:

$$PbO+C \rightarrow Pb\downarrow +CO\uparrow$$
$$PbO+CO \rightarrow Pb\downarrow +CO\uparrow$$
$$PbS+Fe \rightarrow Pb\downarrow +FeS$$

Escorificación

$$FeO+SiO_2 \rightarrow Fe\,SiO_3$$

Evitar:

$$bO+SiO_2 \rightarrow PbSiO_3$$

REFINACIÓN

El plomo crudo obtenido, contiene impurezas y entre algunos elementos, metales preciosos. Como la mayoría de las impurezas le dan al plomo dureza, la eliminación de la mismas se conoce como suavización o ablandamiento.

SUAVIZACIÓN O ABLANDAMIENTO:

Casi todas las purezas contenidas en el plomo se oxidan más fácilmente con el oxígeno del aire que propio plomo por lo que puede eliminarse mediante un tratamiento oxidante agitado mecánicamente, el plomo fundido a medida que se van oxidando sus óxidos estos pasan a la superficie constituyendo una escoria o mata que se extrae continuamente hasta que ya no se forme más. El cobre y el bismuto, así como los metales preciosos quedan disueltos en el plomo y no se separan en esta forma.

Otros sistemas para suavizar el plomo es el de hierro que consiste en que se pone al plomo fundido en
contacto con determinantes fundentes oxidantes derretidos los cuales reaccionan con las impurezas tales como el arsénico, antimonio y estaño convirtiéndose respectivamente en arseniatos, antimoniacos y estañatos, todos los cuales permanecen disueltos en los fundentes derretidos. Los fundentes empleados son el nitrato de sodio y sosa cáustica.

El sistema de Harris tiene dos partes:

a) **de ablandamiento propiamente dicho**
b) **de separación de las sales de sodio soluble en agua.**

El equipo de suavización lo forman:

-Una gran paila o caldero de acero.
-Un cilindro llamado de reactivos en donde se carga la
mezcla fundida de sosa cáustica y nitrato de sodio:
dichos cilindros se introducen en el caldero o paila.
-Un sistema de bombeo que emplea el plomo fundido al
caldero y lo riega en el cilindro de reactivos, en forma de
rocío de la parte superior.

El plomo por su mayor peso específico atraviesa los
reactivos con mucha superficie de contacto hasta llegar a la
parte inferior del cilindro manteniendo la temperatura del
plomo entre375 y 380 (el plomo se mantiene en circulación
hasta que puede completamente suavizado y una vez
eliminado las impurezas se pasa al proceso de "desplate".

DESPLATE*:*

Como el plomo suavizado contiene aún metales preciosos y
bismuto, se utilizan tres métodos de desplate para su
preparación y son los siguientes:

1.-Método de Pattinson:

Se basa en el hecho de que cuando se enfría el plomo
argentífero (plomo más oro más plata y a veces bismuto)
fundidas hasta su periodo de solidificación el plomo cristaliza
selectivamente rechazando a los metales preciosos que
permanecen en la masa fundida.

Los cristales de plomo se extraen mediante
cucharones especiales y agregando más plomo argentífero
se hace continuo el proceso cuando el contenido de plata del
líquido sobrante llega a 14Kg por toneladas se saca del crisol

y se envía al Dpto. de COPELACIÓN(separación de metales).

2.-Método Parker.

Se funde en el hecho de que a temperaturas cercanas al punto de fusión del plomo y el zinc son prácticamente inmisible (no mezclable) se forman dos capas fundidas la superior de zinc y la inferior de plomo.

Los metales preciosos se distribuyen entre las capas con la particularidad que la capa de zinc contiene la materia de los preciosos originalmente presentes en el plomo si bajamos la temperatura de aleación del zinc, plata y oro solidifican primero y puede extraerse con cuchareo.

3.-Método de Betts.

Es el electrolito y se utiliza principalmente para el plomo con alto contenido de bismuto.   El electrolito está formado por una solución de fluorcilicato de plomo. Los metales preciosos y el bismuto durante la electrolisis en el ánodo y se recupera del yodo anódico formando.

**PROPIEDADES*:*

El plomo es un metal de color gris azulado es el metal común más suave, más pesado y menos tenaz se ralla fácilmente con la uña cuando es de alta pureza, tiene alta ductilidad formándose fácilmente laminas.

En frío se le puede conformar o excluir mediante presión hidráulica para fabricar tubos, varillas y alambres se sueldan fácilmente se oxida en el aire húmedo el ácido sulfúrico lo ataca, se disuelve fácilmente en el ácido nítrico diluido o sulfúrico concentrado y caliente, pero resistente a este último fácilmente a temperatura ambiente.

Resiste álcalis(sales) algunos ácidos orgánicos débiles como los que se encuentran en los alimentos lo atacan notablemente puesto que todas sus sales son venenosas, y este metal no debe estar en contacto con alimentos y bebidas.

USOS:

Se utiliza en la fabricación de tuberías, drenes, accesorios para la misma y para el forro de cables eléctricos y teléfonos subterráneos y aéreos en forma de láminas para cubrir y forrar tanques, recipientes principalmente las industrias químicas como las del ácido sulfúrico.

En muchas aleaciones como en algunos metales antifricción, soldaduras, metales para impresión, aleaciones para vaseados o presión, aleaciones de bajo punto de fusión, así como en grandes cantidades para la fabricación de acumuladores, en la fabricación de ácidos y lógicamente en la industria bélica para fundiciones.

1.10.   METALURGIA DEL ZINC

Blenda o esgalerita : de color café rojizo, brillante y duro es el más abundante. Calamina: de color blanco que está en vías de agotarse.

La mayor parte de la blenda se concentra por flotación y se somete invariablemente a un proceso de tostación para convertirla en oxido según la siguiente reacción:

$$2ZnS+32 \quad \rightarrow \quad 2ZnO+2SO2\uparrow$$

Una vez que el mineral ha sido tostado el Zinc puede extraerse por tres procedimientos que son:

1.-Pro metalúrgico

2.-Electrotérmico

3.-Electrolítico: cuya reacción es:

$$ZnO+H2SO4 \quad \rightarrow \quad ZnSO4+H2O$$

Únicamente trataremos el procedimiento electrotérmico que es el más utilizado y se conoce como procedimiento continuo de horno eléctrico. Como referencia tenemos que el proceso piro metalúrgico es según la siguiente reacción:

$$ZnO+C \quad \rightarrow \quad Zn+CO\uparrow$$

PROCEDIMIENTO ELECTROTÉRMICO

Uno de los métodos consiste en reducir la carga de óxido de zinc y carbonato de cocke en un horno eléctrico. Se forma vapor de zinc un monóxido de carbono que sale por la parte superior del horno y el zinc se condensa o se licua en un condensador cerámico.

El mineral tostado antes de introducirlo en el horno eléctrico pasa por un procedimiento desinteresado que consiste en mezclarlo con fundente carbón y agua y calentarlo a 1600°C en promedio obteniendo una función e eliminándose algunas impurezas.

El mineral sinterizado se quiebra y se tamiza, mezclándose con carbón de cocke molido y la mezcla se introduce en el horno eléctrico de reducción calentándolo a 1200°C. El vapor de zinc y el monóxido de carbono obtenidos al salir del horno por la parte superior atraviesa un sifón (cuello de ganso) que contiene zinc fundido reteniéndolo ahí, y el monóxido de carbono sale del condensador.

REFINACIÓN

El zinc puede refinarse por los métodos de licuación o redestilación.

1.-Refinación por licuación:

El zinc se funde a bajas temperaturas en un horno de reverbero las inclusiones no aleadas y oxidadas suben a la superficie de donde son extraídas las aleaciones de plomo y hierro se sumerge o hunden y se eliminan del fondo del horno mediante un dren especial.

2.-Refinación por redestilación:

Se utiliza con masas fundidas(retortas) similares a las empleadas en el horno de reducción las cuales se calientan a una temperatura ligeramente superior al punto de ebullición del zinc(910°C) este sistema es poco utilizado, pero produce un zinc ce 99.99% de pureza.

PROPIEDADES

El zinc es un metal blanco azulado que se cristaliza en la red hexagonal compacta (17 átomos) cuando se calienta entre 100 y 150°C se vuelve dúctil pudiéndose laminar en forma de hojas o alambres si el calentamiento es arriba de 200°C se vuelve frágil, pudiéndose pulverizar fácilmente en estado líquido posee una gran fluidez.

Es prácticamente soluble en todos los ácidos orgánicos, también se disuelve en algunos álcalis formados Silicatos. Las condiciones normales el zinc tiene gran resistencia a la corrosión atmosférica y en el caso del zinalco tiene propiedades muy ventajosas que debe contener 78% de zinc, 17-20% de aluminio y el resto de cobre.

USOS:

El zinc se emplea principalmente en el galvanizado de piezas ferrosas sumergiendo las piezas en un baño de zinc fundido, lo anterior también se puede aplicar por atomización o por métodos electrolíticos.

PROCESOS DE RECUBRIMIENTOS METÁLICOS.

1.11.TRATAMIENTOS TÉRMICOS.

DEFINICIÓN DE TRATAMIENTOS Y EXPRESIONES EMPLEADAS EN EL TRATAMIENTO TÉRMICO DE LOS MATERIALES.

1.- ALCANCES.
Los términos y definiciones incluidos en esta norma se usan en los tratamientos térmicos de la industria metalúrgica tanto en la industria siderurgia como en la de los metales no ferrosos.

"Las temperaturas han sido omitidas intencionalmente de estas definiciones. Las que no deben interpretarse como especificaciones".

DEFINICIONES.

1.- AUSTETEMPLE (AUSTEMPLE). Es el proceso de temple de una aleación ferrosa a partir de una temperatura por arriba de la de la austenización en un medio en el cual la velocidad de disipación del calor sea lo suficiente alta para prevenir la formación de estructuras de transformación a altas temperaturas y manteniendo la aleación hasta que la transformación de la estructura deseada se completa a una temperatura inferior a la base de formación de la perlita, y superior a la formación de martensita.

2.CALENTAMIENTO A SATURACIÓN: Es el proceso en el cual se mantiene un metal o una aleación durante un tiempo prolongado a una temperatura elevada (sin llegar a quemarla).

3.-CALENTAMIENTO DIFERENCIAL: Es aquel calentamiento intencional mediante el cual se produce un gradiente de temperatura con el objeto de que después del enfriamiento se realice una distribución de los esfuerzos o variación adecuada de las propiedades inherente del material.

4.- CALENTAMIENTO POR INDUCCIÓN: Es aquel calentamiento que se logra por medio de las corrientes eléctricas generadas por inducción, utilizad por lo general para el templado superficial.

5.- CALENTAMIENTO SELECTIVO: Es aquel calentamiento intencional que se aplica a ciertas áreas del mineral de manera que las zonas tratadas tengan propiedades adecuadas después del enfriamiento.

6.- CAPA ENDURECIDA: Es la zona más próxima a la superficie de una aleación ferrosa que presenta una dureza mayor con respecto al núcleo de dicha aleación. Esta dureza se obtiene por medio de un tratamiento térmico de endurecimiento superficial.

7.- CARBONITRURACIÓN: Es el proceso en el cual se introduce carbono y nitrógeno por medio de una atmósfera gaseosa en una aleación ferrosa, mientras esta se mantiene arriba del límite inferior de la temperatura de formación de la austenita Acl) superficial.

La aleación carbonitrurada se endurece posteriormente por temple es prácticamente este proceso un cementado.

8.- CARBURIZACION: Es el proceso en el cual se introduce carbono a una aleación ferrosa mientras esta se mantiene arriba del límite inferior de la temperatura de formación de la austenita (Acl). La aleación ya carburizada se endurece posteriormente por temple.

9.- CARBURIZACION EN BLANCO: Es el proceso de carburación simulada en el cual no se introduce carbono en el material. Generalmente se efectúa utilizando un medio inerte en vez del agente carburizante o recubriendo la aleación ferrosa con un protector adecuado, lográndose así una distribución del propio carbono del material.

10.- CIMENTACIÓN: Es el proceso en el cual se introduce principalmente carbono o más elementos químicos en la capa superficial de un material a elevada temperatura mediante el fenómeno de difusión.

11.- CLANURACION: Es el proceso en el cual se introduce por difusión carbono y nitrógeno a una aleación ferrosa mientras esta se mantiene arriba del límite inferior de la temperatura de formación de la austenita (Acl).

En este proceso el material por tratar se mantiene en contacto con sales de cianuro fundidas de composición conveniente. Una vez dado el tratamiento debe llevarse el material a un endurecimiento por temple y necesariamente un revenido final.

12.- DESCARBURACIÓN: Es la perdida de carbono en la superficie de una aleación ferrosa como resultado de un calentamiento en un medio que reaccione con el carbono. También se logra "quemando" el material.

13.- DESGASIFICACION: Es el calentamiento de un material a baja temperatura con el objeto de eliminar los gases que contiene.

14.- ENDURECIDO: Es el proceso en el cual se incrementa la dureza en un material por medio de un tratamiento adecuado que generalmente comprende un calentamiento seguido de un enfriamiento. Cuando sean aplicables deben utilizarse los siguientes términos específicos:

- **Endurecimiento por envejecimiento.**
- **Endurecimiento superficial.**
- **Endurecimiento a la flama.**
- **Endurecimiento por inducción.**
- **Endurecimiento por precipitación.**
- **Endurecimiento por temple.**

ENDURECIMIENTO A LA FLAMA: Es el proceso en el cual se endurece una aleación ferrosa calentándola mediante una flama y enfriándola según se requiera. Este calentamiento puede ser por soplete (parte azulada del dardo) o por multiflama.

ENDURECIMIENTO POR ENVEJECIMIENTO: Es el incremento de dureza que ocurre después de un enfriamiento rápido o después que el material a sido trabajado en frío (ver envejecimiento).

ENDURECIMIENTO POR INDUCCIÓN: Es el proceso de temple en el cual el calentamiento generalmente es superficial y se hace por medio de inducción.

ENDURECIMIENTO POR TEMPLE: Es el proceso que endurece una aleación ferrosa llevando está a la temperatura de austenización, seguida de un enfriamiento lo suficientemente rápido de manera que parte de la austenita o la totalidad de la misma se transforme en martensita.
La temperatura de austenización para aceros tipo eutectoides es usualmente arriba de AC3 y para aceros Hipereutectoides es usualmente entre Acl y Acm.

ENDURECIMIENTO SECUNDARIO: Es el proceso en el cual la superficie o zona cercana a esta de una aleación ferrosa se hace más dura que la porción interior de la misma.

Los procesos típicos usados en el endurecimiento superficial son:

Carburización.
- Nitruración.
- Carbunitrurasión.
- Cianuración.
- Endurecimiento por inducción.
- Endurecimiento a la flama.

ENFRIAMIENTO CONTROLADO: Es el proceso en el cual se enfría un metal o aleación desde una temperatura elevada de una manera predeterminada para evitar endurecimiento, agrietamiento, daños internos para producir una microestructura o propiedades mecánicas deseadas.

ENVEJECIMIENTO: Es el cambio que se realiza en las propiedades físicas de una aleación y ocurre generalmente en forma lenta a la temperatura ambiente y se acelera a temperaturas más elevadas que el ambiental:

- Endurecimiento por envejecimiento.
- Endurecimiento artificial
- Envejecimiento interrumpido.
- Envejecimiento natural.
- Sobre envejecimiento.
- Endurecimiento por precipitación.
- Tratamiento térmico por precipitación.
- Envejecimiento progresivo.
- Temple por envejecimiento.
- Deformación por envejecimiento.

ESFEROIDIZADO: Es cualquier proceso de calentamiento y enfriamiento que produce en el acero un carburo de forma globular o esferoidal.

Los métodos de esferoidizado frecuentemente usados son:

a) Mantenimiento prolongado a una temperatura ligeramente inferior a Acl (estructura globular).

b) Calentamiento y enfriamiento alternado a temperaturas ligeramente superior e inferior con respecto a Acl (10 a 15°C arriba o abajo).

c) Calentamiento a una temperatura superior a Acl ó Acm y luego enfriamiento muy lento en el horno o manteniendo una temperatura ligeramente inferior a Acl.

d) Enfriamiento a una velocidad adecuada desde la temperatura mínima a la cual se disuelve todo el carburo para prevenir la nueva formación de una red de carburo y luego un recalentamiento de acuerdo a los métodos del inciso a o b indicados. (aplicables a aceros hipoeutectoides que contienen una red de carburo).

MALEABILIZACION: Es el proceso de recocido que se aplica a la fundición blanca de manera que el carbono combinado sea transformado total o parcialmente en diversas variedades de grafito en algunos casos parte del carbono puede eliminarse.

MARTETEMPLE (MARTEMPLE): Es el temple de una aleación ferrosa austenizada en un medio de enfriamiento que se encuentre a una temperatura correspondiente a la parte superior del rango térmico de formación de martensita o ligeramente arriba de éste y manteniéndola en este medio hasta que la temperatura a través de la aleación sea substancialmente uniforme. Posteriormente la aleación se deja enfriar al aire a través del rango térmico de formación de martensita.

NITRURACIÓN: Es el tratamiento mediante el cual se introduce el nitrógeno en una aleación ferrosa sólida manteniéndola a una temperatura adecuada (debajo de Acl para aceros ferríticos), en contacto con un material nitrogenado usualmente amoniaco o cianuro fundido de composición adecuada.
- No se requiere
temple   para
producir una capa
dura-

NORMALIZADO: Es el tratamiento que consiste en calentar una aleación ferrosa a una temperatura adecuada arriba del rango de transformación enfriándola posteriormente en aire a una temperatura sustancialmente del rango de transformación.

NÚCLEO (CORAZÓN): Es la parte interior que
es más suave que la proporción externa o capa.

PATENTADO (BONIFICADO): En la fabricación de alambre, es un tratamiento térmico aplicable en aceros de medio o alto contenido de carbono antes del trefilado (trenzado del alambre o entre capas del estirado.
Este proceso consiste en calentar a una temperatura arriba del rango de transformación seguido de un enfriamiento a una temperatura abajo de Acl en aire o un baño de plomo fundido o de sales.

PAVONADO: Es un tratamiento para mejorar la apariencia y resistencia de a la corrosión de aleaciones ferrosas cuya superficie está inicialmente libre de escamas sometiéndola a la acción del aire, vapor u otros agentes a una temperatura adecuada formándose una película delgada (5micras por lo menos) de azul de oxido. Este término se aplica por lo general a flejes o partes terminadas. En el caso de resortes el pavonado indica que estos han sido calentados después de su fabricación para mejorar sus propiedades.

POST-CALENTADO: Es el calentamiento que se aplica después de la soldadura en zona soldada ya sea para un revenido, para un relevado de esfuerzos o para proporcionar una velocidad de enfriamiento controlada con el propósito de prevenir la formación de una estructura y frage.

PRE-CALENTAMIENTO: Es un calentamiento realizado antes de un tratamiento térmico o mecánico. Cuando se refiere a aceros, herramienta o grado herramienta se significa un proceso mediante el cual el acero se calienta lenta y uniformemente a una temperatura intermedia inmediatamente antes de la austenización final. En el caso de algunas aleaciones no ferrosas el término precalentamiento se significa calentar la aleación a una temperatura relativamente alta por un tiempo relativamente largo con el objeto de homogenizar la estructura antes del trabajo.

QUEMADO: Es el daño permanente causado a un metal o
aleación por haberlo sometido a un calentamiento
prolongado que causa ínter granular (ver
sobrecalentamiento).

RECOCIDO: Es el proceso que consiste en calentar y
sostener a una temperatura adecuada y después enfriar a una
velocidad conveniente para propósitos tales como:
* **Reducir la dureza**
* **Mejorar la maquinabilidad.**
* **Facilitar el trabajo en frío.**
* **Producir una microestructura adecuada y obtener
las propiedades deseadas ya sean mecánicas,
físicas u otras.**

**Cuando son aplicables deben utilizarse los siguientes
términos específicos.**

Recocido azul, recocido en caja, recocido brillante, recocido
negro, recocido a la flama, recocido total, grafitizado,
recocido intermedio, recocido en proceso, recocido
isotérmico (temperatura constante), maleabilizado recocido
de temple, recocido de cristalización y esferoidizado.

Cuando el término recocido se aplica sin ningún otro
calificativo a aleaciones ferrosas significa recocido
total.
Cuando el término recocido se aplica a aleaciones no
ferrosas implica un tratamiento térmico destinado a
suavizar una estructura proveniente de trabajo en frío
por recristalización o por subsiguiente crecimiento del

grano o para suavizar una aleación endurecida por envejecimiento.

Cualquier proceso de recocido usualmente reduce esfuerzos; pero si el tratamiento sólo se aplica con el simple propósito de eliminar esfuerzos. Se denomina relevado de esfuerzos, el relevado de esfuerzos de los puntos de soldadura en las tuberías de gasoductos.

REVENIDO: Es el proceso de calentamiento de una aleación ferrosa normalizada o endurecida por temple, a una temperatura inferior a la del rango de transformación seguido de un enfriamiento a una velocidad deseada (temperatura ambiente).

SOBRECALENTAMIENTO: Es aquel calentamiento de un metal o aleación ferrosa a una temperatura elevada mayor que el rango de transformación haciendo que sus propiedades originales se deterioren.

Cuando esas propiedades originales mecánicas o físicas no pueden ser reestablecidas por un tratamiento térmico, por un trabajo mecánico o una combinación de estos, en este caso el sobrecalentamiento se define como quemado del material.

TEMPERATURA DE TRANSFORMACIÓN. Es la temperatura en la cual ocurre un cambio de fase. Este término se emplea para denotar la temperatura límite de un rango de transformación por lo general en los límites de fase (se conoce como temperatura critica) los siguientes símbolos se emplean para el caso del hierro y el acero (aleaciones ferrosas):

- **Accm:** En los aceros hipereutectoides en la temperatura a la cual la solución de cementita en la austenita se completa durante el calentamiento.
- **Acl:** Es la temperatura a la cual se empieza a formar la austenita durante el calentamiento.
- **Ac3.** En aceros hipoeutectoides a la cual se completa la transformación de ferrita en austenita durante el calentamiento.
- **Ac4:** Es la temperatura a la cual la austenita se transforma en ferrita delta durante el proceso de calentamiento.
- **Acl, Ac3, Accm, Ac4:** Son las temperatures de cambio de fase de equilibrio.
- **Arcm:** En aceros hipereutectoides es la temperatura a la cual principia la precipitación de cementita durante el enfriamiento.
- **Arl:** Es la temperatura a la cual se completa la transformación de austenita en ferrita mas cementita durante el enfriamiento.
- **Ar4:** Es la temperatura a la cual la ferrita delta se transforma a austenita durante el enfriamiento.
- **Ms:** Es la temperatura a la cual empieza la transformación de austenita en martensita durante el enfriamiento.
- **Mf:** Es la temperatura a la cual termina la transformación de austenita en martensita durante el enfriamiento.

Todos estos cambios excepto la formación de martensita ocurre a la temperatura más baja el enfriamiento que durante el calentamiento y depende de la velocidad del cambio de temperatura.

TEMPLABILIDAD: En las aleaciones ferrosas es la propiedad que tienen de adquirir una cierta dureza tanto de profundidad como en distribución al indicarse por medio de un temple.

TEMPLE: Es el proceso de calentamiento seguido de un enfriamiento rápido de un metal o aleación ferrosa en un medio adecuado (agua más salmuera, aceite de temple, aceite quemado).
Dependiendo del proceso mismo de templado podrán utilizar los términos siguientes más específicamente:

    a) **Temple con tiempo controlado.**
    b) **Temple directo.**
    c) **Temple en caliente.**
    d) **Temple interrumpido.**
    e) **Temple por aspersión.**
    f) **Temple por nebulización.**
    g) **Temple incompleto.**
    h) **Temple selectivo.**

TRANSFORMACIÓN ISOTÉRMICA: Es aquel cambio que se presenta en una fase manteniendo constante una temperatura determinada por un tiempo adecuado.

TRATAMIENTO DE ESTABILIZACIÓN: Es aquel proceso que se aplica para estabilizar la micro estructura de una aleación con las dimensiones de una pieza. Como ejemplo el calentamiento a una temperatura adecuada inferior a la del recocido total. La transformación de la austenita retenida que tengan ciertos aceros grado herramienta la precipitación de uno de los constituyentes de una solución sólida no ferrosa con el objeto de mejorar su maquinabilidad.

TRATAMIENTO EN FRÍO: Es el proceso en el cual se someten y mantienen ciertas aleaciones a temperaturas inferiores a cero grados centígrados (criogénicas) con el objeto de lograr ciertas condiciones o propiedades tales como. Estabilización dimensional o estabilización de las estructuras cristalinas del material.

TRATAMIENTO TÉRMICO: Es aquel calentamiento seguido de un enfriamiento que se aplica a aleaciones, metales u otros materiales, con objeto de que adquieran ciertas propiedades físicas, químicas o mecánicas.

Si el calentamiento es con el único propósito de procesar en caliente, no es un tratamiento térmico. Como ejemplo el forjado de piezas en caliente, el desmontaje de piezas armadas por interferencia.

TRATAMIENTO TÉRMICO DE PRECIPITACIÓN: Es el proceso de envejecimiento artificial en el cual uno de los constituyentes de la aleación se precipita en la solución sólida sobre saturada.

TRATAMIENTO TÉRMICO DE SOLUCIONES SÓLIDAS: Es el proceso de calentamiento de una aleación a una temperatura adecuada, manteniendo esta por un tiempo suficiente como para permitir que una o mas componentes de la aleación se disuelvan y dar enseguida un enfriamiento rápido adecuado, para hacer que estos componentes permanezcan disueltos en la solución sólida.

VELOCIDAD CRITICA DE ENFRIAMIENTO: Es la velocidad mínima de un enfriamiento continuo para evitar la formación de estructuras no requeridas.

ANÁLISIS MICROSCOPICO

El análisis microscópico consiste en examinar la superficie de una probeta pulida a espejo y luego atacada con reactivos apropiados. Este examen permite reconocer la existencia y distribución de los varios constituyentes, ya que estos se comportan diferente frente al reactivo algunos se engrandecen, otros se colorean y otros permanecen brillantes al no ser atacados.

Los cristales de una determinada estructura no están todos orientados en el mismo sentido, y sus secciones obtenidas con el plano de pulido tienen diversas orientaciones

Respecto a los ejes cristalográficos, por esta razón las caras de los distintos granos ofrecen diferente resistencia al ataque reactivo quedando por lo tanto mas o menos en relieve respecto pulido, en consecuencia cuando incide sobre ellos la luz se producen sombras que hacen visible su contorno.

MICROSCOPIO METALOGRÁFICO.

El microscopio metalográfico esta formado por las siguientes partes:
- **Banco óptico.**
- **Aparato para la iluminación de la probeta.**
- **Objetivo.**
- **Ocular para observación directa.**
- **Cámara fotográfica.**

El principio de funcionamiento es análogo al del microscopio metalografico de LE CHATELIER.

APARATO DE ILUMINACIÓN

Comprende una fuente lumínica y un sistema óptico que dirige la luz hacia la superficie preparada de la probeta. Dicha fuente lumínica puede ser una lámpara de arco de incandescencia o de vapor de mercurio, los rayos luminosos reflejados por la superficie de la probeta y por lo tanto la imagen de esta recogida por el objetivo se transmite mediante prismas y espejos al ocular para la observación directa o la cámara fotográfica.

2   POLÍMEROS

2.1 CLASIFICACIONES

Def: Cadenas moleculares de largas secuencias de una o más especies químicas, denominadas unidades estructurales.

En un polímero (polymer) cabe distinguir entre las unidades estructurales (mer) y el monómero (monomer). El monómero es la especie química que existe antes de empezar cualquier tipo de polimerización y la unidad estructural es lo que se repite en un polímero.

La mayoría de los polímeros son de cadenas de Carbonos pero también existen cadenas de Silicio (Siliconas)

En general los enlaces son Covalente aunque puede haber enlaces iónicos

Suelen ser sólidos moleculares (Ver propiedades Tema 1)

SEGÚN SU ORIGEN

- Biopolímeros (De origen Natural)

- Polímeros sintéticos (Son los que vamos a estudiar)

SEGÚN SU TAMAÑO

- Oligopolímeros (De Peso Molecular, PM, entre 10^3 y 10^4)

- Polímeros (PM $>10^4$)

SEGÚN EL NÚMERO DE UNIDADES ESTRUCTURALES

- Homopolímeros (Solo una unidad estructural)

- Copolímeros (De dos unidades estructurales)

- Tercpolímeros (De tres unidades estructurales, son muy raros)

SEGÚN SU UNIÓN

En este tipo de representaciones cada circulo representa
una unidad estructural distinta.

a)   Al azar
b) Alternadas
c) De bloque
d) De injerto

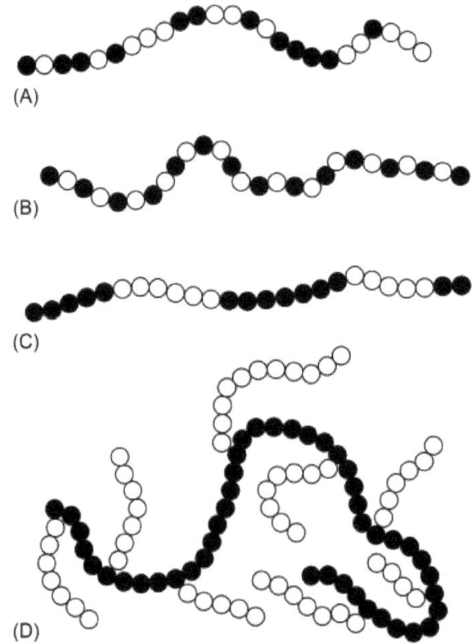

Fig. 2.1 - Clasificación de polímeros por unión cuatro tipos.

SEGÚN SU TOPOLOGÍA MACROMOLECULAR

Existen dos tipos:

- <u>Polímeros lineales y ramificados</u>: (Los de arriba) sus Nodos (puntos de unión entre cadenas) son físicos, es decir, se pueden deshacer utilizando un disolvente adecuado.

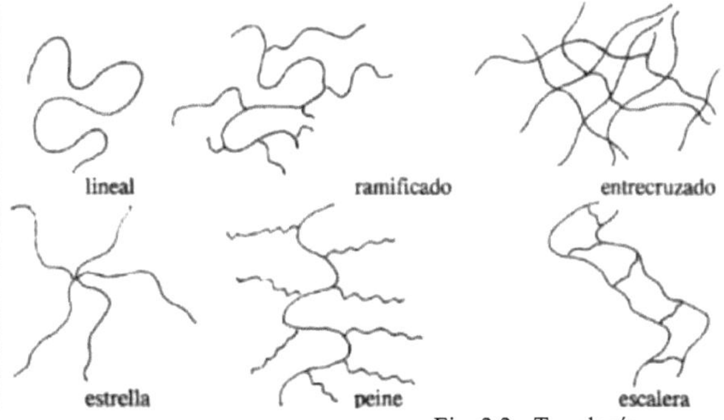

Fig. 2.2 - Topología

- <u>Polímeros entrecruzados</u>: Con nodos químicos que representan verdaderos enlaces químicos. No se pueden disolver. Dentro de los entrecruzados podemos distinguir entre los que tienen muchos nodos (Termoestables) y los que tienen pocos (elastómeros).

Dentro de los polímeros entrecruzados merece la pena analizar el caso del Caucho (a)

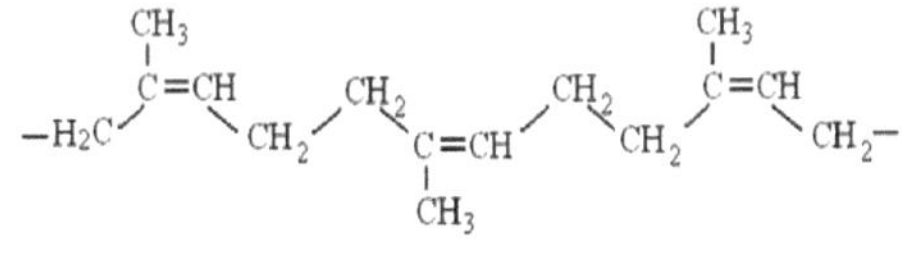

El Caucho Natural tiene bajas propiedades mecánicas, pero si producimos entrecruzamientos por

Fig. 2.3 – Estructura molecular (a)

vulcanización (Añadir puentes de Azufre) (b) se consiguen mejorar notablemente sus propiedades físicas.

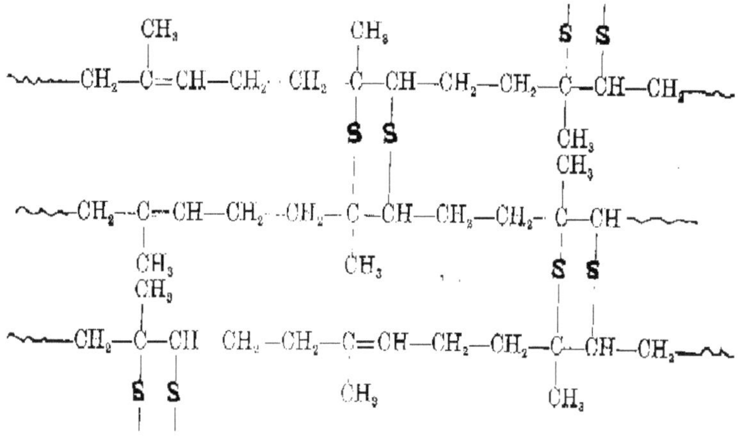

Fig. 2.4 – Estructura molecular (b)

CLASIFICACIÓN TECNOLÓGICA DE LOS POLÍMEROS

- <u>Termoestables</u>: Polímeros reticulados con muchos puntos de entrecruzamiento. Su Temperatura de transición vítrea es mucho mayor que la de servicio. NUNCA se disuelven (Los Disolventes se introducen pero solo hinchan no disuelven) lo cual implica que no son reutilizables.

- <u>Elastómeros</u>: Polímeros ligeramente entrecruzados. Tienen muy buenas propiedades elásticas, llegando a deformarse hasta un 500%. Su Tª de transición vítrea es bastante inferior a la de servicio. Tampoco se disuelven

- <u>Termoplásticos</u>: Pueden ser los lineales y los ramificados. Se ablandan y fluyen por el calor se pueden disolver.

2.2 CARACTERÍSTICAS

POLIDISPERSIDAD

<u>Grado de Polimerización</u>

Es el número de unidades estructurales o repetitivas que posee una cadena (n, i, α) Cuando se obtiene un polímero no todas las cadenas tienen la misma longitud (*Polidispersidad*), sin embargo se pueden obtener polímeros en los que todas las cadenas sean de   igual longitud (*Monodispersidad*) aunque resulta muy costoso.

M_0 es la Masa molecular de la unidad repetitiva.

Las propiedades mecánicas no varían con el grado de polimerización

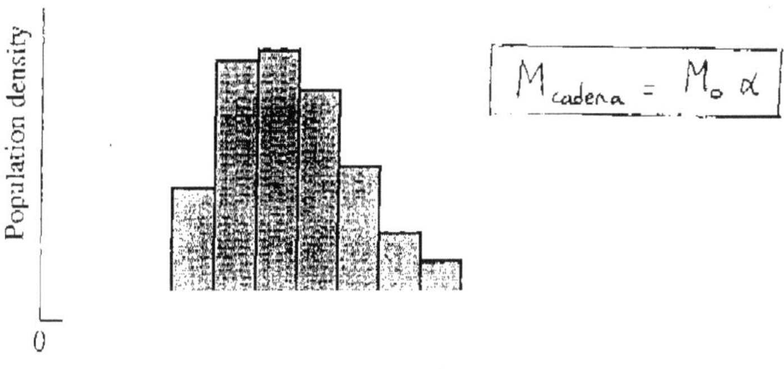

Fig. 2.5 – Curva de distribución de pesos moleculares en un polímero típico.

Ni es el número de moléculas de la especie i

Mᵢ es el peso molecular de las moléculas de la
especie i

χᵢ es la fracción en masa de la especie i

$$\overline{M}_w = \frac{\sum W_i \cdot M_i}{\sum W_i} = \omega \cdot M_i$$

Wᵢ es la masa en gramos de las moléculas de la
especie i

ωᵢ es la fracción en masa medida en gramos de la especie i

$$\overline{M}_n = \frac{\sum M_i N_i}{\sum N_i} = \chi_i \cdot M_i$$

Se representa por y es si la
muestra es monodispersa la r=1

$$r = \frac{\overline{M_W}}{M_n}.$$

(Teóricamente, ya que consideraremos monodispersa con r ≅ 1.02). Los valores típicos oscilan entre 2 y 20

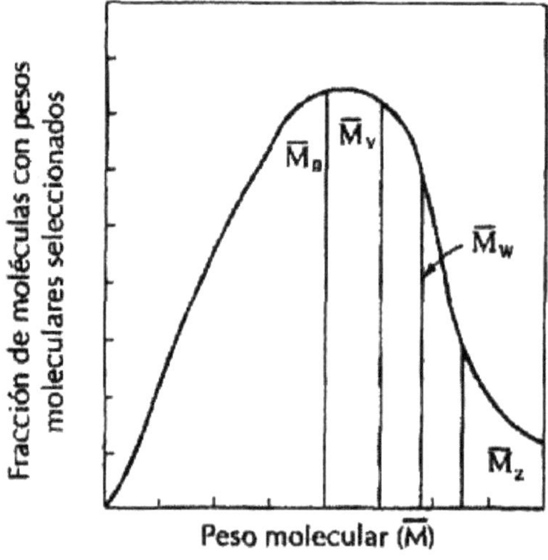

Fig. 2.6 – Razón de polidispersidad

CONFORMACIÓN

Para empezar, definamos configuración y conformación

Configuración: Es el ordenamiento que tienen los átomos en una cadena macromolecular. Depende de las longitudes y ángulos de enlace. Son invariantes.

Conformación: Son las distintas posiciones que pueden adoptar una cadena. Por ejemplo el ángulo de rotación interna (Aun manteniendo el ángulo de enlace se pueden obtener varias posiciones

Las cadenas en general tienden a adoptar todo tipo de conformaciones ya que la energía que hay que aportar es la energía térmica a Temperatura ambiente.

Las moléculas que adoptan una única conformación tienen forma fija y por ello se les llama Rígidas

Fig. 2.7 – Conformación de las cadenas

Ovillo Estadístico:

Es la situación que tendría la molécula cuando todas las configuraciones son equiprobables. En general, todos los polímeros, excepto los cristalinos, presentan esta forma.
Las macromoléculas que presenta esta conformación son altamente flexibles. Los enlaces C-C, C-O, C-N, Si-O y P-O pueden rotar internamente y por tanto son enlaces flexibles

Otras conformaciones:

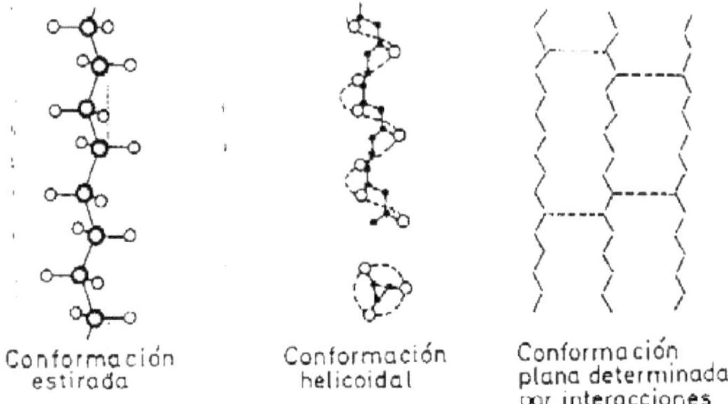

Fig. 2.8 – Tipos de Conformación

Tacticidad

- **Atáctico**: Los sustituyentes pueden colocarse de forma aleatoria. Nunca cristalizan debido a su gran desorden

- **Isotáctico**: Todos los sustituyentes están igualmente colocados.

- **Sindiotáctico**: Los sustituyentes están colocados alternativamente.

En los dos últimos existe cierto orden y pueden llegar a cristalizar.

Las propiedades físicas y mecánicas de la forma táctica del polímero son distintas a las del polímero normal (En ovillo estadístico).

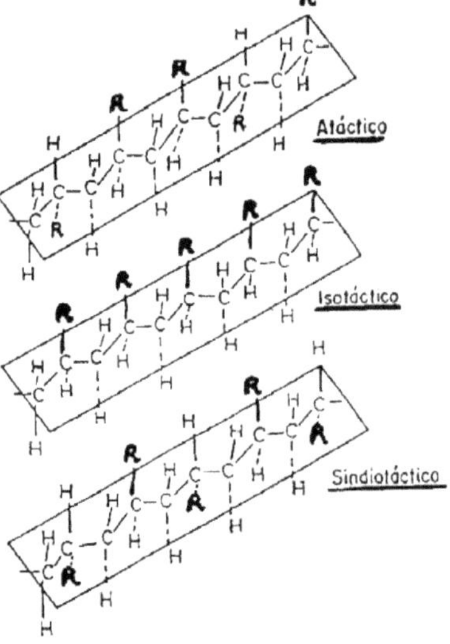

Fig. 2.9 – Tipos de tacticidad

112

2.3 CRISTALINIDAD EN POLÍMEROS

En general podemos encontrar la materia en dos estados: cristalino (estado con orden de largo alcance) y amorfo (orden de corto alcance, lo asociamos con el líquido).

La cristalinidad en polímeros se alcanza según las condiciones de obtención de los mismos, el polímero cristalino presenta mayor tenacidad, resistencia mecánica y resistencia a los disolventes que los polímeros amorfos. Al contrario que en los sólidos estudiados hasta ahora, no podemos obtener un polímero 100% cristalino, como mucho alcanzaremos en torno al 90% y además algunos debido a su estructura química es imposible que cristalicen.

Estos polímeros cristalinos al ser bifásicos, coexisten fase amorfa y cristalina, no son completamente transparentes; de ahí que los vidrios orgánicos sean amorfos, y no cristalinos como tendemos a imaginar; por ejemplo el PMMA (polimetacrilato de metilo) es el vidrio orgánico más empleado porque es prácticamente imposible que cristalice y por eso es transparente.

En general las formas tácticas cristalizan mejor que las atácticas y sólo se obtienen fibras de polímeros cristalinos, pero esto lo veremos más adelante.

El polietileno es un polímero normalmente muy cristalino debido a su enorme simplicidad y simetría. Como vemos en el dibujo, debido a la disposición que las cadenas adquieren en estado cristalino, se fomentan las propiedades mecánicas en dirección axial y se ven muy mermadas en la perpendicular.

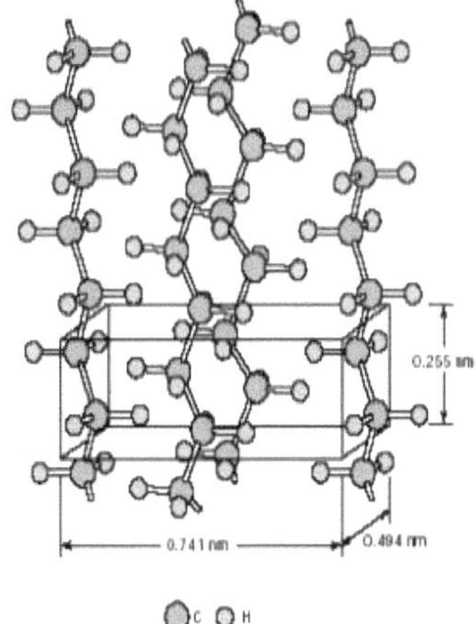

Fig. 2.10 – Cadenas del polietileno

FACTORES DETERMINANTES DE LA CRISTALINIDAD EN UN POLÍMERO.

Regularidad Las ramificaciones y sustituyentes disminuyen la regularidad y dificultan la cristalización PE lineal Grado de cristalinidad >90%

Simetría Cuanto menos simétrico más difícil es cristalizar

Flexibilidad Cuanto más flexible más difícil es permanecer empaquetada (Pe Las siliconas)

Fuerzas intermoleculares: Favorecen la cristalinidad. Las fuerzas aumentan con los grupos polares y disminuyen con los apolares.

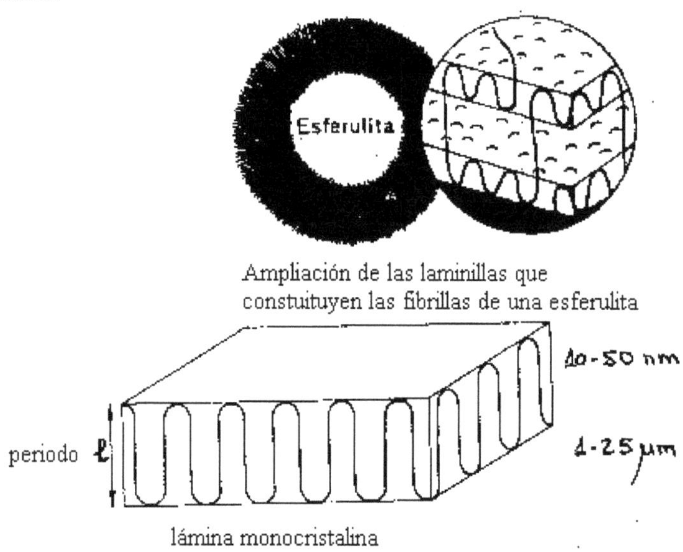

Fig. 2.11 – Ampliación de esferulita

Obtención de cristales de polímero:

-A partir de una disolución obtenemos monocristales.

-A partir del fundido y dejando enfriar obtenemos esferulitas

Aquí vemos una ampliación de una esferulita:

DEPENDENCIA DEL ESPESOR O PERIODO DEL CRISTAL I.

(a) Temperatura de $I \approx \dfrac{1}{T_m - T_c} \Rightarrow$ Si $T_c \uparrow \Rightarrow I \uparrow$ cristalización

(b) Tratamiento térmico del sólido una vez obtenido

- Temperatura de templado T:
  el espesor del cristal (I) aumenta a medida que T se aproxima a T_m (temperatura de fusión).

-Tiempo empleado

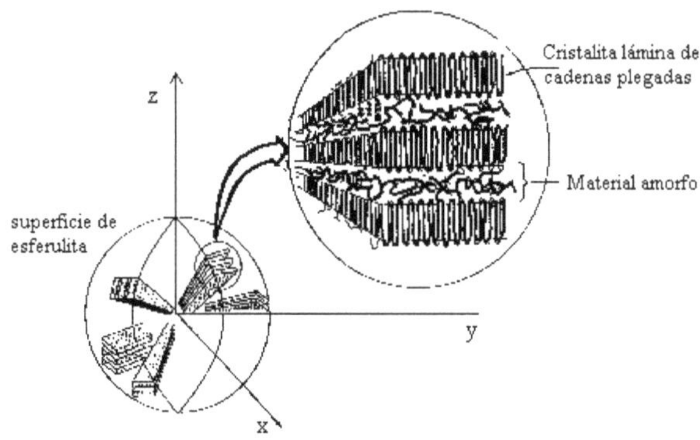

Fig. 2.12 – Espesor de esferulita

115

MÉTODOS PARA DETERMINAR EL GRADO DE CRISTALINIDAD.

1- **Medida del volumen específico (V_S):** La densidad del polímero cristalino es mayor que la del polímero amorfo; por eso el V_S del polímero cristalino es menor que el V_S del polímero amorfo.

$$V_S = X_c \cdot V_c + (1 - X_c) \cdot V_a$$

Donde:

$$X_c = \frac{m_c}{m_c + m_a} \quad y \quad X_a = 1 - X_c$$

V_a es el volumen específico de la fase amorfa y X_c es la fracción en peso de las partes cristalinas de la muestra
= CRISTALINIDAD

$$X_c = \frac{V_a - V_s}{V_a - V_c}$$

2- **Difracción** de rayos X: Permite además definir la orientación de las zonas cristalinas y calcular las dimensiones de la red cristalina.

3- **Espectroscopía infrarroja**: Los espectros e absorción IR de polímero presentan bandas características del estado amorfo o del estado cristalino.

4- **Calorimetría** diferencial de barrido: Es la que más se usa en la industria y permite obtener la entalpía de fusión (ya la veremos con detalle más adelante).

5- Microscopía óptica: Nos informa de la heterogeneidad debido a los distintos índices de refracción de las fases existentes. Utiliza la luz visible para obtener resultados (λ luz visible : 400-800 nm) por ello el tamaño de la heterogeneidad que se puede distinguir: mayor o igual que cientos de nm

6- Microscopía electrónica de transmisión: λ : 0,06-0,03, se pueden estudiar elementos estructurales de dimensión mayor o igual a 1 Ángstrom.

Podemos aumentar la cristalinidad de un polímero, pero ha de existir una ordenación previa de las cadenas. Un método para aumentarla es mediante la deformación:

(a) Sometemos a tracción uniaxial a dos laminillas
 de esferulita con fase amorfa presente entre medias.

(b) La cadena se comienza a estirar por la deformación
que sufre la fase amorfa, pero la laminilla no varía
su configuración.

(c) La cadena se orienta en la dirección del esfuerzo.

(d) La parte amorfa se comienza a orientar.

(e) Propiedades mecánicas muy importantes en la
dirección axial y muy deficientes en la perpendicular al eje.
Aumento de la cristalinidad del polímero.

Nota: Las laminillas inicialmente están alineadas en dirección
perpendicular a la fase amorfa, pero la foto está desvirtuada.

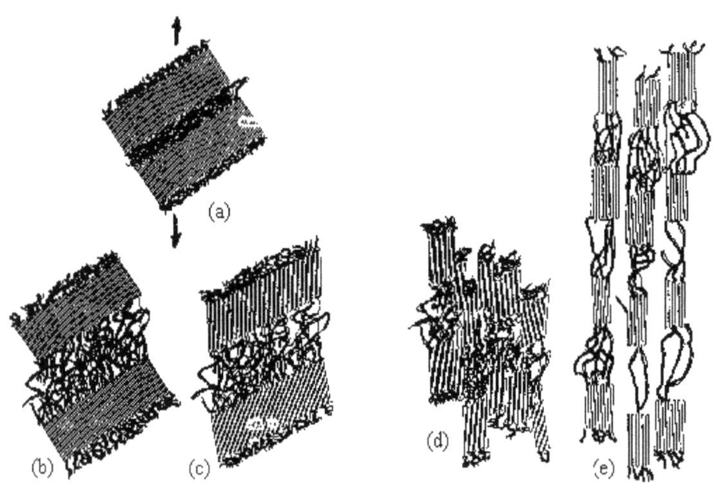

Fig. 2.13 – Aumento de cristalinidad de un polímero

2.4 TRANSICIONES TÉRMICAS

Tabla 2.1

Fase	Modo de movimiento	Acción de la temperatura
Cristalina	Vibraciones de corto alcance	Se rompen las entidades ordenadas (los cristales) pero la cadena no $\Rightarrow$ fusión
Amorfa	Vibraciones más difusional de los segmentos (ayudo a que la cadena se vaya estirando)	Aparición de nuevos modos de movimiento rotacional y traslación $\Rightarrow$ Transición vítrea

118

TEMPERATURA DE FUSIÓN.

La temperatura de fusión (**Tm**) es la temperatura a la cual desaparecen los agregados cristalinos siendo una transición de primer orden.

La temperatura de fusión marca el espesor del cristal, a mayor Tm, mayor espesor del cristal.

La fusión es una variación del volumen a temperatura constante. En la gráfica observamos esta variación para el polietileno lineal (A) y el ramificado (B).

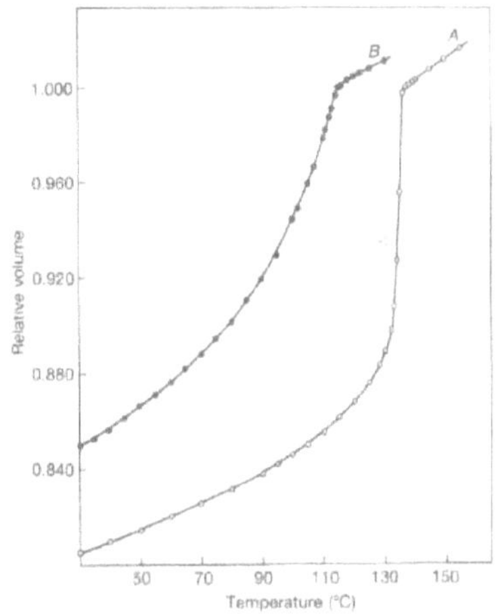

Fig. 2.14 – Gráfica de variación de volumen especifico a temperatura constante

La fusión es una transición difásica pues se caracteriza por un cambio en el volumen y en la entalpía. En un polímero la temperatura de fusión nunca es única, sino que existe un intervalo en el cual el polímero se funde (Ni siquiera es única en las cadenas monodispersas 1.04).

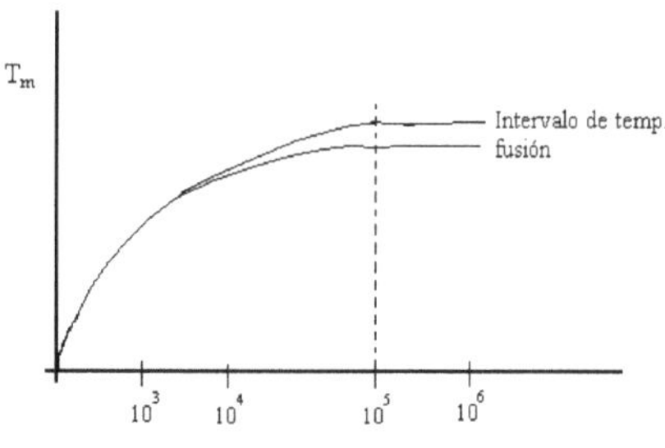

Fig. 2.15 – Gráfica temperatura de fusión.

A partir de 100.000 el peso molecular M no tiene mucho que decir en la $T_m \equiv T_f$

La temperatura de fusión termodinámica se define para un sólido en equilibrio; el estado en equilibrio para un sólido polimérico es el que corresponde a la conformación extendida (cadenas estiradas) y este se da, normalmente, a tiempo infinito. Por eso lo que hallamos experimentalmente no son verdaderas Tf.

Sin embargo somos capaces de hallar la T_m^0 (Tf polímero correspondiente a un cristal perfecto y de espesor infinito, en este caso T_m^0 = Tcristalización) cristalizando el material en observación a distintas temperaturas y luego fundiéndolo obtengo una gráfica Tm frente a Tc que al seleccionarla con la recta Tm=Tc nos da la T_m^0 buscada.

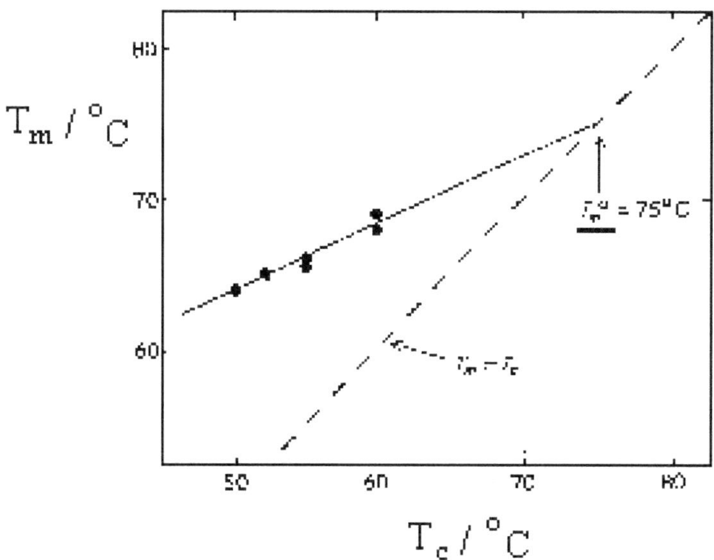

Fig. 2.16 – Gráfica de temperaturas fusión-cristalización

En la práctica usamos la calorimetría diferencial de barrido para hallar la T_m, con la ventaja de que esta además nos permite hallar la entalpía de fusión.

Según la gráfica tomamos la T_m como el valor máximo del pico; otros autores (no usarlo) eligen como T_m la temperatura cuando ya está todo fundido.

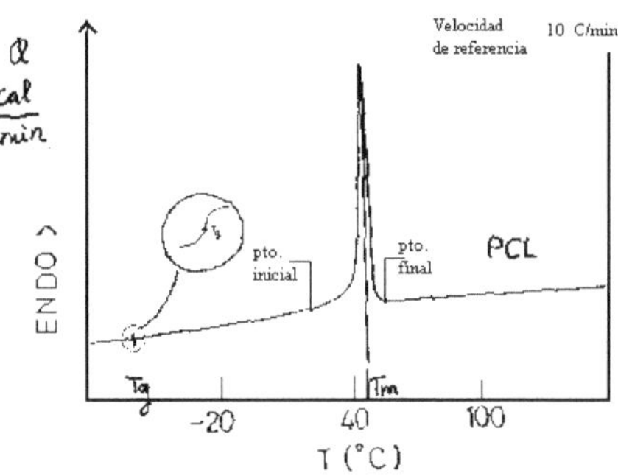

Fig. 2.17 – Gráfica de temperatura fusión.

La entalpía de fusión se define como el área encerrada bajo el pico de la curva o mediante la fórmula:

$$\nabla H_f = \int_1^2 Q\,dt = \int_1^2 \frac{Q}{v}\,dT$$

Entre el punto inicial y el final se funden todos los trozos; al llegar a la primera marca comienzan a fundirse las cadenas más pequeñas y conforme avanzamos se van fundiendo las siguientes en tamaño hasta que llegamos al punto final en el que ya se ha fundido todo el sólido polimérico. Por ello lo que nosotros observamos es un reblandecimiento progresivo hasta llegar al líquido, este reblandecimiento será más acentuado cuanto más amorfo sea el polímero.

TRANSICIÓN VÍTREA.

La temperatura de transición vítrea (**Tglass**) es la temperatura a la cual se inicia un cambio fuerte en las propiedades del polímero, pasando de un material vítreo, quebradizo y relativamente duro a una sustancia viscosa, más flexible y blanda a medida que la temperatura asciende y pasa por la temperatura de transición, siendo esta transición de segundo orden.

121

La Tg se interpreta como la capacidad de los grupos atómicos de la cadena para sufrir movimientos oscilatorios colectivos de segmentos de la cadena molecular localizados. Por encima de la Tg las cadenas de polímero poseen gran movilidad. Este cambio interno en estado sólido se manifiesta por absorción de energía.

También se puede definir como el momento en el cual empieza a haber movimiento de terminales de cadena, bucles y segmentos   del   orden de las 10 unidades estructurales (unos 100 Å).

En la Tg se observan cambios en el módulo elástico (E) y en las propiedades dieléctricas y ópticas del material. La   Tg permite obtener el rango de temperaturas de servicio del vidrio.

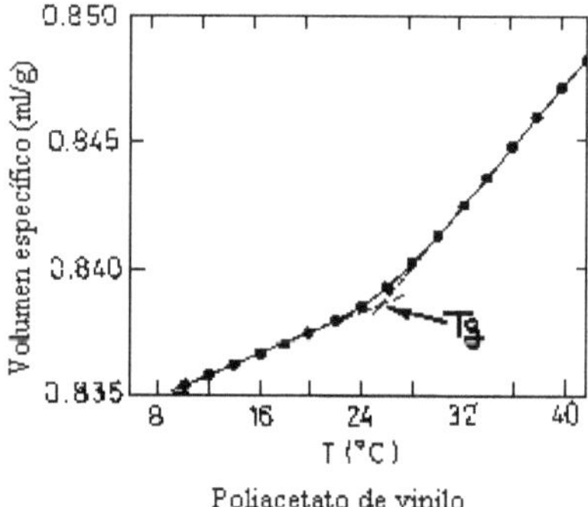

Fig. 2.19 – Gráfica de temperatura de transición vítrea.

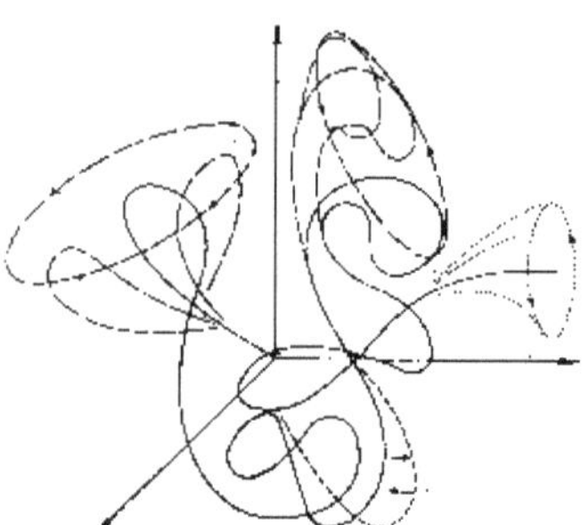

Fig. 2.18 – Movimiento de terminales de cadena, bucles y segmentos en la zona de transición vítrea.

La transición vítrea no es una verdadera transición termodinámica porque las magnitudes que sufren saltos se lo deben a las segundas derivadas y no a las primeras.

$$\left(\frac{\partial^2 G}{\partial T^2}\right)_P = -\left(\frac{\partial S}{\partial T}\right)_P = -C_p/T$$

$$\left(\frac{\partial^2 G}{\partial P^2}\right)_T = \left(\frac{\partial V}{\partial P}\right)_T = -\beta V \quad \alpha = V_s^{-1}\left(\frac{\partial V_s}{\partial T}\right)$$

La Tg depende del tiempo que tardemos en realizar el proceso porque las transiciones termodinámicas se dan en el equilibrio y sabemos que en los polímeros este se obtiene a tiempo infinito $\Rightarrow \exists$ una componente cinética de la transición vítrea.

La Tg más cercana a la verdadera se da cuanto más largo sea el experimento. La Tg verdadera está unos 500 por debajo de la Tg experimental. En el estado vítreo los movimientos moleculares son muy lentos, pero existen, y pueden hacer evolucionar el sistema hacia el equilibrio por ello la transición que se determina en la Tg no es de tipo termodinámico. Según la teoría termodinámica de la transición vítrea existe una verdadera transición de segundo orden a una temperatura T2 por debajo de la Tg observada $T_g - T_2 = 50$ K.

El método usual para hallar la Tg es la dilatometría, donde se determina el volumen específico frente a la temperatura (gráfico arriba); por convenio la Tg es la temperatura que corresponde a la intersección entre las líneas de líquido y vidrio extrapoladas. En la Tg el volumen específico es igual para el vidrio y el líquido. Sin embargo aparece un cambio en la

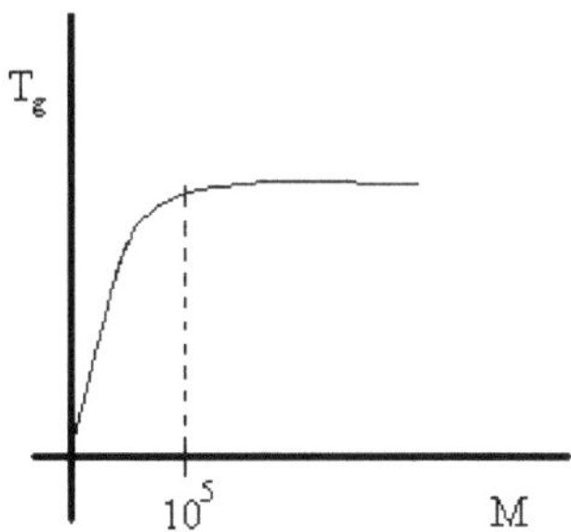

Fig. 2.20 – Gráfica Tg y peso molecular

123

pendiente, lo que proporciona una variación en el coeficiente de expansión (β). Mediante esta variación del coeficiente se obtiene la expresión para el cálculo de la temperatura de transición vítrea.

Hasta un peso molecular de 100.000 hay una variación de Tg con la masa (aumento de ambas) y a partir de 105 se observa un comportamiento asintótico.

A continuación, exponemos una serie de gráficas que muestran la variación de las propiedades del polímero en la zona de transición vítrea:

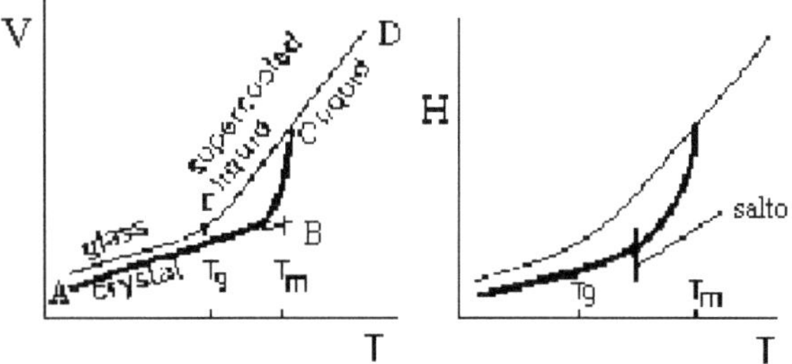

Fig. 2.21 – Representaciones Volumen-Temperatura y Entalpia-Temperatura para materiales que adoptan el estado vitreo.

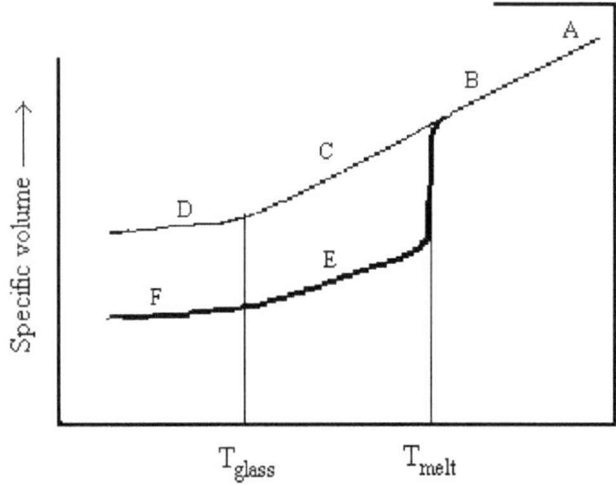

Fig. 2.22 – Curvas volumen Especifico-Temperatura para un polímero semicristalino.

124

La línea fina corresponde a un polímero amorfo y la gruesa a uno cristalino.

Curvas volumen específico- temperatura para un polímero semicristalino:

(A) región del líquido

(B) líquido con respuesta algo elástica

(C) región elastomérica

(D) región vítrea

(E) cristalitos en una matriz elastomérica

(F) cristalitos en una matriz vítrea

Variación de la viscosidad con la temperatura.

$$\eta_{Tg} \approx 10^{11} p$$

Se trata de un polímero inorgánico, como los basados en el silicio, ya que los carbónicos no alcanzan temperaturas tan extremas sin degradarse.

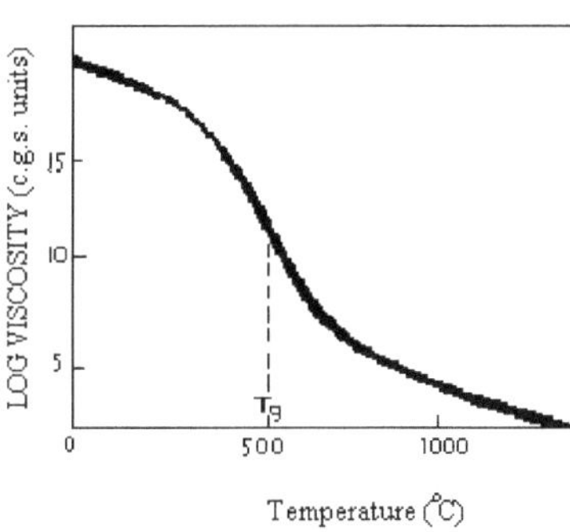

Fig. 2.23 – Grafica Viscosidad-Temperatura.

TEMPERATURA DE DESCOMPOSICIÓN TÉRMICA.

La temperatura de descomposición térmica es la temperatura a la cual la estructura molecular se rompe (rompen los enlaces covalentes) y el polímero se degrada; en general está entre 300-400 °C. Esta descomposición se produce debido a que a altas temperaturas, la agitación molecular hace que las macromoléculas se fragmenten, liberándose fragmentos de moléculas volátiles y combustibles, provocando pérdidas de peso.

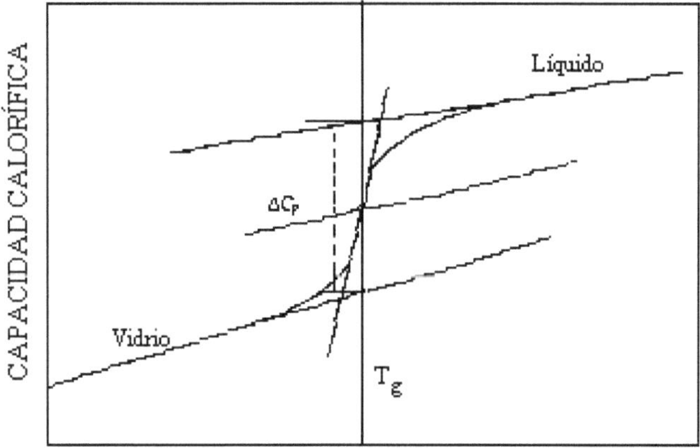

Fig. 2.24 – Esquema de la capacidad calorífica en la zona de la transición vítrea.

2.5   FACTORES DETERMINANTES DE Tg Y Tm

- **Fuerzas intermoleculares**: La presencia de grupos polares en la cadena principal o en los sustituyentes laterales restringe la libertad de movimiento de la cadena y por ello aumentan la T_g y la T_m.

- **Flexibilidad de la cadena**: Depende tanto de la cadena principal como de los grupos laterales. Un grupo alquilo ($-CH_3$) no articulado, aumenta T_g y T_m, pero un grupo alquilo articulado ($-CH_2-CHx$) no se traduce en un aumento de la T_g y la T_m considerable. Los mismos factores controlan las temperaturas de fusión y transición vítrea, por ello se puede afirmar que existe una correlación entre ambas. Boyer afirma que esta relación es $0'5\ T_m < T_g < 0,8\ T_m$.

La desigualdad de Boyer se puede comprobar empíricamente representando T_m frente a T_m mediante sucesivos experimentos y comprobando que las muestras obtenidas quedan comprendidas entre las rectas de pendiente $0'5$ y $0'8$ tal y como se muestra en la gráfica adjunta.

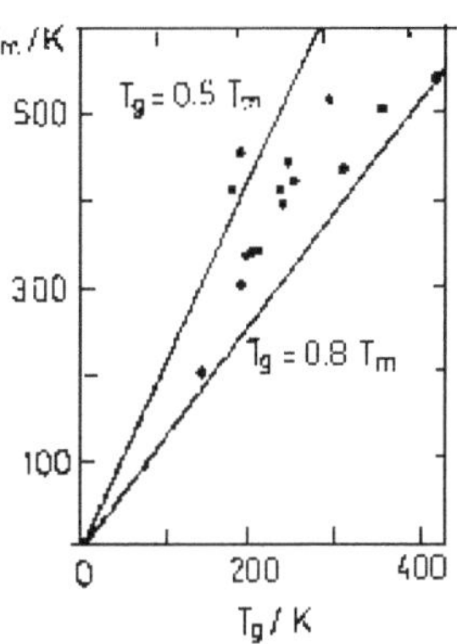

Fig. 2.25 – Gráfica Temperatura. Fusión - vítrea

RANGO DE TEMPERATURAS DE SERVICIO.

La capacidad de que un determinado polímero pueda cumplir una función específica viene dada además de por sus propiedades físicas y químicas, por la temperatura a la cual deberá realizar su función. Precisamente las temperaturas de transición son las que delimitan el intervalo de temperaturas de servicio tal y como se muestra en la siguiente tabla:

	T. de servicio	Propiedades	Ejemplos
Polímeros estructurales amorfos	Inferior a T_g	Rigidez comparable a la del vidrio	Polimetacrilato de metilo Poliestireno
Polímeros altamente cristalinos y orientados	Muy inferior a T_g (unos 100 °C por debajo)	Rigidez Dureza	Fibras nylon
Polímeros semicristalinos	Comprendidos entre T_g y T_m	Rigidez moderada Relativa tenacidad	Polietileno de baja densidad
Polímeros "tenaces"	Inmediata vecindad de la T_g	"tenacidad"	Poliestireno + Cop. 30/70 butadieno/estireno

Tabla 2.2

POLÍMEROS TÉRMICAMENTE ESTABLES

Su estabilidad térmica es atribuible a:

- La mayor regularidad de la cadena.
- A los grupos polares capaces de desarrollar fuerzas intermoleculares.
- A los ciclos aromáticos o heterociclos, que aparte de la rigidez que introducen en la cadena, dan lugar a una alta energía de resonancia.

A continuación se exponen unos ejemplos de polímeros térmicamente estables, de entre ellos cabe destacar la Polyimida pues se usa dentro de los motores de las aeronaves.

	T_g (°C)	
Polyeter sulfona	225	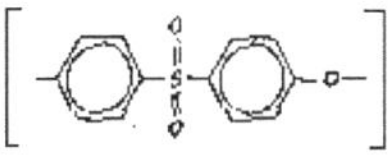
Polyeter-imida	215	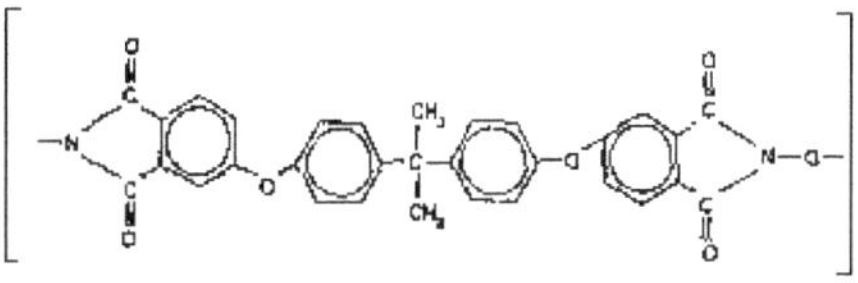
Polysulfona	193	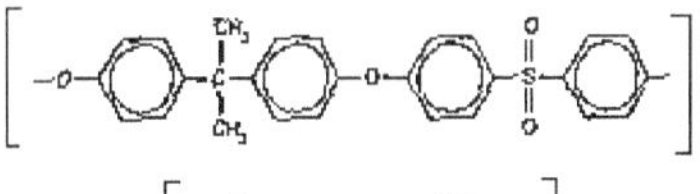
Polyimida	280-330	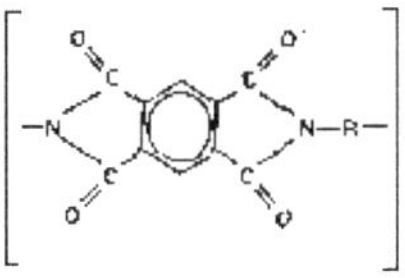

Fig. 2.26 – Ejemplos de polímeros termoestables.

2.6 FIBRAS

Conjunto de materiales que tienen en común que la relación longitud/diámetro es muy elevada, ejemplos de fibras son

Una manera de caracterizar las fibras es a través de la definición de <u>Denier</u> → peso en gramos de una fibra que tiene 9000 metros de longitud.

Fibra	Long./diam.
cáñamo, yute	100-1000
algodón, lana	1000-3000
fibras sintéticas	amplio intervalo

Tabla 2.3

$$d = V \cdot \rho = 9 \cdot 10^3 \pi \left(\frac{D}{2}\right)^2 \cdot \rho$$

Siendo d (Denier) y D (diámetro). De este modo el Denier me permite diferenciar las fibras en base al diámetro y la densidad de las mismas.

La resistencia de la fibra depende tremendamente de su diámetro, cuanto menor es el diámetro mayor es la resistencia de la fibra. Aquí cabe definir la σ límite como la resistencia del material supuesto que el diámetro fuera la longitud de enlace (nunca llegamos a este valor).

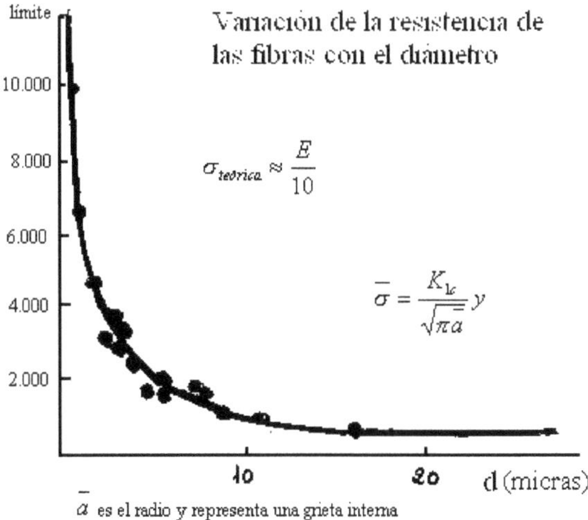

Fig. 2.27 – Gráfica de variación de la resistencia de las
fibras con el diámetro.

POLÍMEROS CAPACES DE FORMAR FIBRAS: POLIAMIDAS.

Las obtenidas por apertura de anillo superior a 6 dan lugar a una poliamida con bajas propiedades mecánicas y bajo punto de fusión.

Las poliamidas alifáticas (nilón 6 y nilon 6-6) se utilizan en los marcos de las ventanas de la cabina del avión reforzados con fibra de vidrio.
Pero la gran aplicación en el campo de la aeronáutica corresponde a las poliamidas aromáticas o aramidas:

- Son fibras orgánicas, (el kevlar es la más conocida).
- Tienen un módulo elástico y una resistencia a la tracción muy superior a las restantes fibras orgánicas por la rigidez que aporta el grupo aromático en la cadena.
- **Fibras tenaces.** Poseen la máxima resistencia específica de todas las fibras actuales.

Entre sus desventajas están una baja resistencia a la compresión y una gran absorción de la humedad (hasta un 5%), debido al enlace amida, causando problemas de durabilidad en la interfase fibra/matriz.

Destacamos también el Nomex que es un isómero del Kevlar con una enorme resistencia a la llama.

POLIÉSTERES LINEALES.

Los poliésteres sin el grupo aromático (sólo CH_2 en la cadena) no son interesantes industrialmente. Cuantos menos grupos espaciadores $CH2$ tenga mayor es la Tmelting (fusión) en comparación con la del PE. Se emplean en el campo textil y como matrices constitutivas del material compuesto fibra de vidrio- poliéster.

FIBRA DE CARBONO.

La obtenemos a partir del poliacrilonitrilo (PAN).

Las HM poseen una mejor ordenación de la estructura, pero al haberlas
calentado tanto para obtenerlas introducimos defectos y por ello son menos
resistentes que las HS. Para poder formar una fibra, un polímero debe ser
capaz de cristalizar.

2.7 PROPIEDADES MECÁNICAS DE POLÍMEROS

Tenemos un polímero a temperatura de servicio T:

Tabla 2.4

Parte cristal + parte vidrio (sólido amorfo)	semicristalino	$T < T_g < T_m$
Parte cristal + parte goma	semicristalino	$T_g < T < T_m$
Todo goma	amorfo	$T_g < T$
Todo vidrio	amorfo	$T < T_g$

Algunos ejemplos a T ambiente:

- Sólidos duros   PMMA

- Sólidos plásticos   PVA

- Elastómeros   caucho

- Líquidos elásticos   adhesivos

- Líquidos oleosos   siliconas

Lo más importante de los polímeros es que las propiedades mecánicas dependen de la temperatura y del tiempo, tanto en la zona elástica como en la zona plástica.

$$\sigma = E \cdot \varepsilon$$

Polímeros reticulados E = f (T, t)

Elastómeros $T \lessapprox$ Tg E = f (T, t)

El <u>comportamiento viscoelástico</u> de los polímeros se define para la zona de transición vítrea porque es ahí donde adquiere gran importancia la variación de las propiedades mecánicas en función de la temperatura y del tiempo, porque fuera de Tg   este   comportamiento viscoelástico a tiempo real es imperceptible.

A continuación, se adjuntan unos diagramas que muestran de forma clara y precisa este comportamiento de los polímeros.

Variación de los valores isocronos de la curva de enfriamiento del PIB con la Temperatura.

Zona A. T<Tg   Estado Vitreo Solido Rígido E 10^9N/m^2

Zona B. T=Tg   Transición vítrea Viscoelástico

Zona C. T=Tg+30° Goma deformable "Elastomérico" E10^6 N/m^2

Zona D. T>Tg   Liquido viscoso Flujo

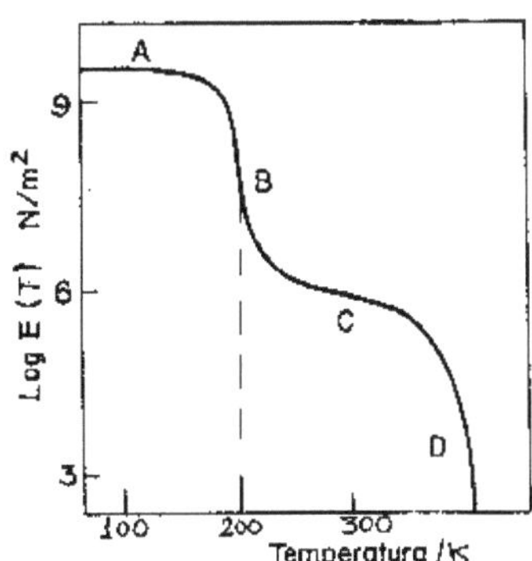

Fig. 2.28 – Curva de enfriamiento.

135

INFLUENCIA DE LA TEMPERATURA EN EL COMPORTAMIENTO MECÁNICO DE LOS POLÍMEROS.

I y **II**   Polímeros   amorfos   no reticulados.

III y **IV** Elastómeros (reticulados) $reticulación = \dfrac{No.\ enlaces}{masa}$

densidad de entrecruzamiento d$_{III}$<d$_{IV}$.

Cuanto más reticulado estén más se mantiene **E**.

V Polímeros muy cristalinos Temperatura de fusión **Tm.**

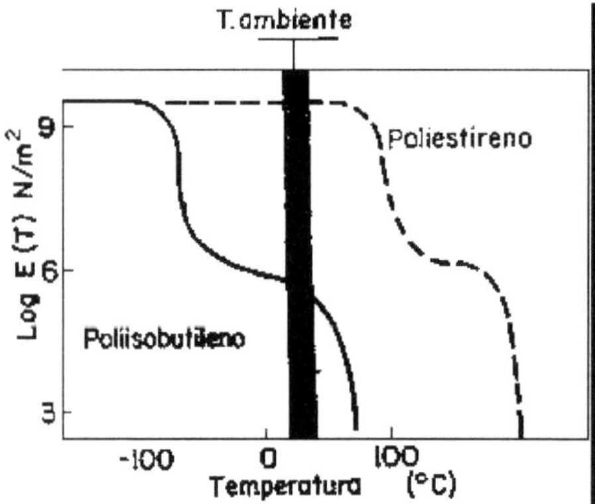

Fig. 2.30 – Gráfica entre el PIB (goma) a Temperatura ambiente y el PE (plástico vítreo).

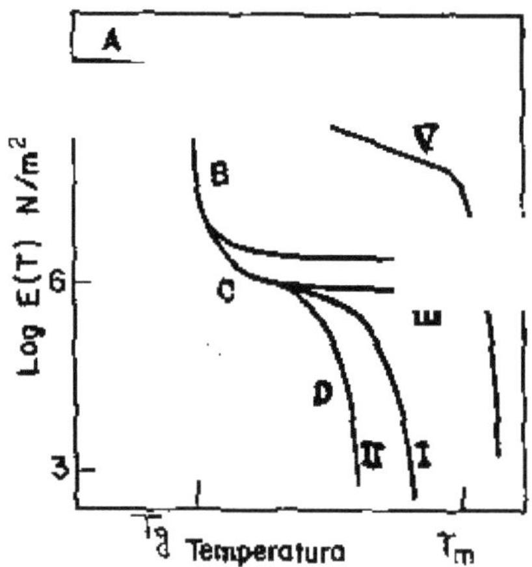

Fig. 2.29 – Variación de la temperatura de los valores isócronos de E

136

Si se quiere medir la variación de las propiedades mecánicas con respecto al tiempo debido al comportamiento viscoelástico, podría ser imposible a tiempo real; por ello usamos la superposición de varias temperaturas con sus tiempos correspondientes y obtenemos una gráfica análoga.

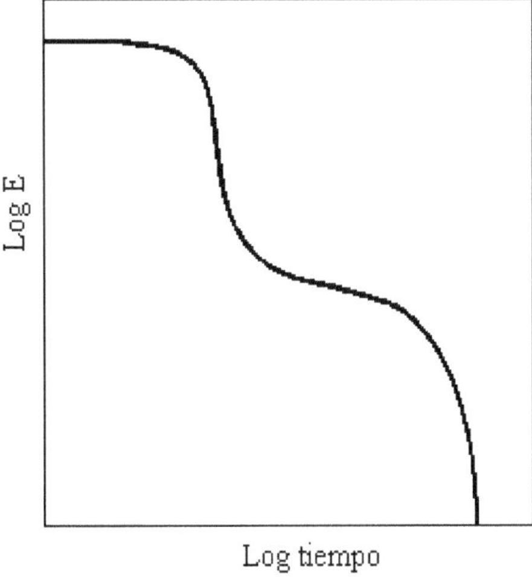

Fig. 2.31 – Gráfica análoga

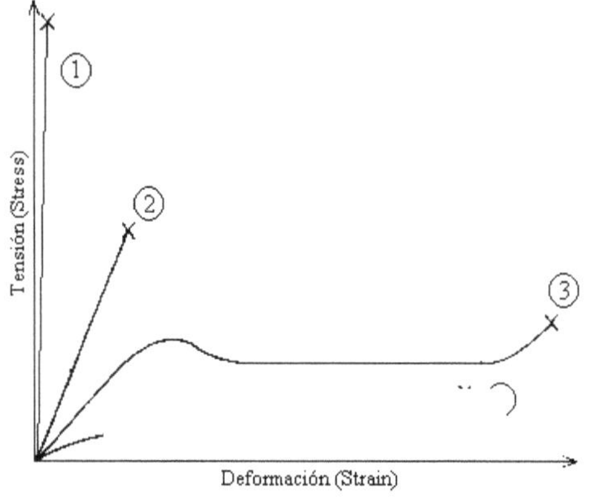

Fig. 2.32 – Gráfica esfuerzo – deformación polímeros.

En esta gráfica podemos ver las curvas esfuerzo-deformación para distintos tipos de polímeros.

1) **Polímero** muy **cristalino** con fractura muy frágil por debajo de su Tg, no sufre deformación plástica. T < Tg < Tm

2) **Polímero vítreo**: fractura frágil sin deformación permanente, toda la deformación sufrida antes de la fractura se recupera de forma elástica. T << Tg, no existe Tm.

3) **Polímero semicristalino**: sufre fractura dúctil porque existe una deformación plástica debido la coexistencia de las fases cristalina y a amorfa. Tg < T < Tm

4) **Elastómero**: No tiene resistencia mecánica, aprovecho de él que toda la deformación es recuperable. Los elastómeros los utilizo siempre a una temperatura de unos 30° por debajo de su Tg (Por debajo de la temperatura de transición vítrea tienen un comportamiento frágil, no útil). La fuerza de recuperación de los elastómeros es de tipo entrópico porque al estirar disminuyo la S o entropía ya que estoy aumentando el orden. Cabe destacar de la gráfica dos cosas; podemos experimentar deformaciones de hasta el 500% y la segunda curva se ve que podría llegar a cristalizar.

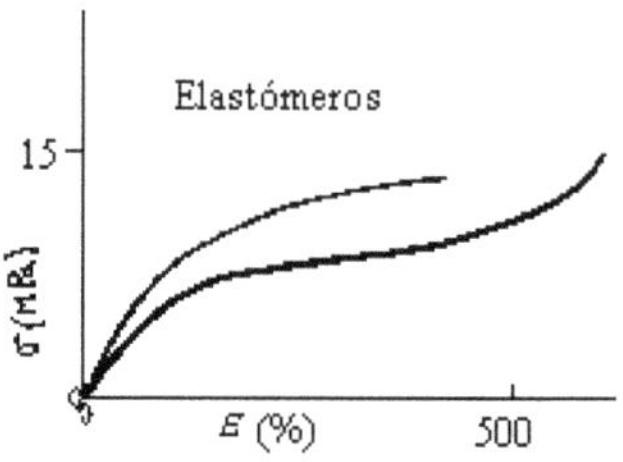

Fig. 2.33 – Gráfica de esfuerzo – deformación elastómeros.

CAMBIOS EN LA MORFOLOGÍA DE LA ESFERULITA.

Al someter a tracción una muestra de polímero, esta experimenta una serie de cambios en la morfología de sus esferulitas a medida que estas se van deformando tal y como se ve en la siguiente gráfica:

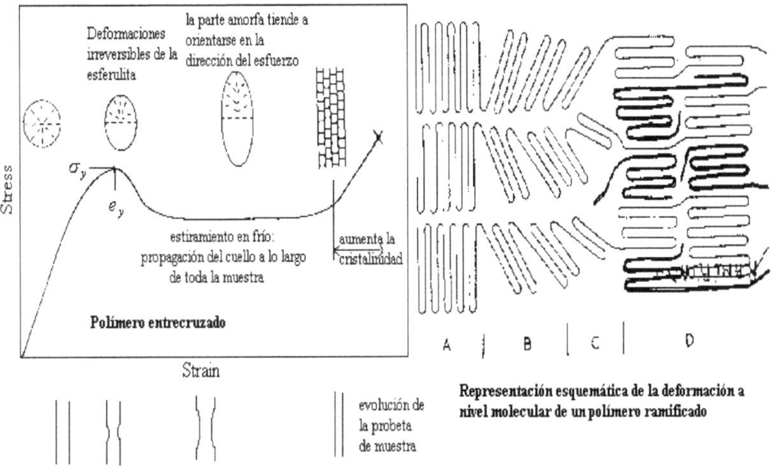

Fig. 2.34 – Gráfica de esfuerzo – deformación polímero entrecruzado.

Cabe destacar que el punto de fluencia (yield), donde empieza la deformación plástica, está en torno al 5-10% mientras que en los metales era el 0,2%.

A continuación, el material experimenta una zona de deformación plástica lineal y finalmente una subida en el módulo de elasticidad debido a un aumento de la cristalinidad; en este instante, todas las cadenas ya se han alineado en la dirección del esfuerzo y por eso nos cuesta tanto deformar más aún la muestra. En algunos casos la subida puede no existir, pero siempre existe el punto de fluencia o punto Yield.

DEFORMACIÓN PLÁSTICA EN POLÍMEROS VÍTREOS.

Curvas tipo A:

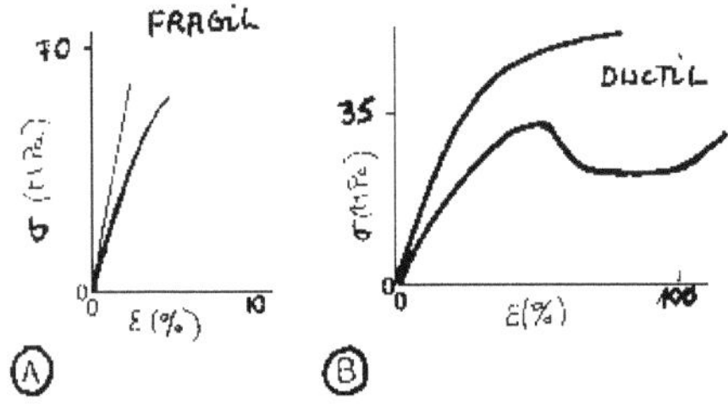

Fig. 2.35 – Tipos generales de curvas esfuerzo-deformación.

- Polímeros amorfos a
T << Tg

- Pol. semicristalinos a
T<< Tg

- Resinas termoestables
a T<< Tg

Curvas tipo B

-Resinas
termoestables a T ≈ Tg

- Pol. semicristalinos a
Tg < T< Tm

Curvas tipo C

-Pol. Elastómeros T >Tg

TRANSICIÓN DÚCTIL-FRÁGIL.

Cabe destacar que en el caso de los polímeros, si su estructura lo permite, podemos apreciar una variación del comportamiento del material de dúctil a frágil con sólo modificar la temperatura.

También pueden experimentar esta variación mediante la copolimerización como muestran las siguientes gráficas:

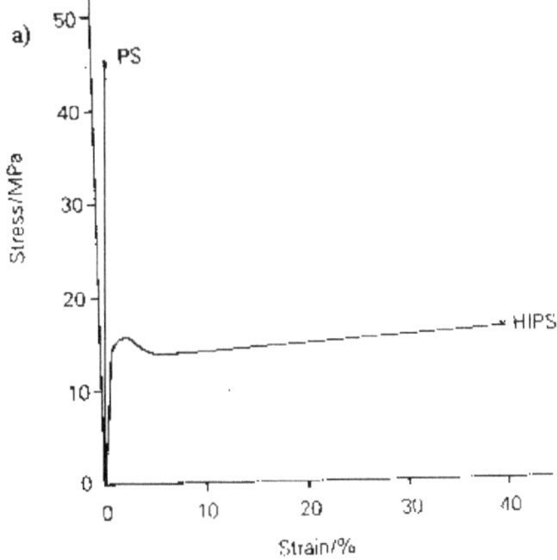

Fig. 2.36 – El gráfico a) muestra las curvas correspondientes al poliestireno (PS) y al poliestireno de alto impacto (HIPS) formado por la copolimerización de estireno y butadieno.

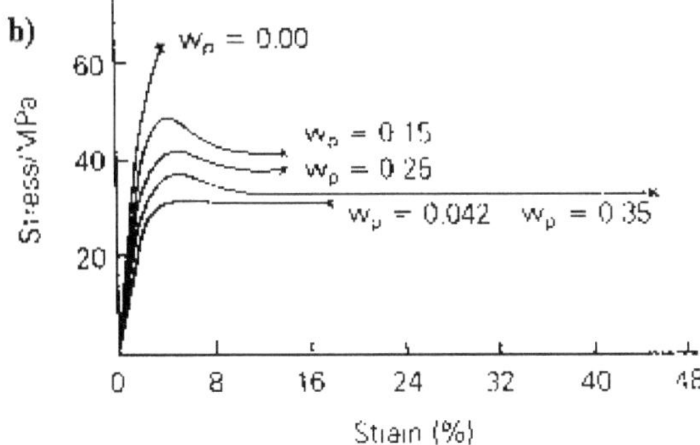

Fig. 2.37 – El grafico b) muestra el efecto de distintas fracciones en peso de partículas de caucho (Wp) en el polimetacrilato de metilo (PMMA).

MÉTODOS PARA MODIFICAR LAS PROPIEDADES DE LOS POLÍMEROS.

* **Síntesis:** Trato de inventar o diseñar un polímero con una cadena determinada, es muy difícil y su utilidad se encuentra a largo plazo.
* **Copolimerización.**
* **Mezcla de polímeros:** Parto de dos polímeros ya sintetizados y los mezclo mediante el fundido de ambos o a partir de dos disoluciones. Tenemos dos posibles tipos de mezcla:

Miscibles, los dos polímeros interaccionan bien y obtengo una mezcla homogénea estable (homogeneidad definida a nivel de dominio responsable de la propiedad observable) y con una única temperatura de transición vítrea (Tg intermedia).

Inmiscibles, lo más común es que los polímeros prefieran interaccionar consigo mismo antes que con el otro componente de la mezcla, obteniéndose así una mezcla heterogénea. Los componentes se separan en fases bien definidas y existen varias temperaturas de transición vítrea.

No nos debe quedar la falsa idea que siempre es mejor una mezcla miscible puesto que a nivel mecánico a veces es preferible la inmiscible, convendrá la utilización de una u otra según la aplicación a la cual esté destinado el material.

Las mezclas miscibles pueden tener un comportamiento análogo a la copolimerización al azar y alternantes; las inmiscibles son análogas a las de injerto y de bloque.

Aquí vemos un esquema de lo que podemos obtener copolimerizando 3 polímeros de uso industrial (en los vértices del triángulo).

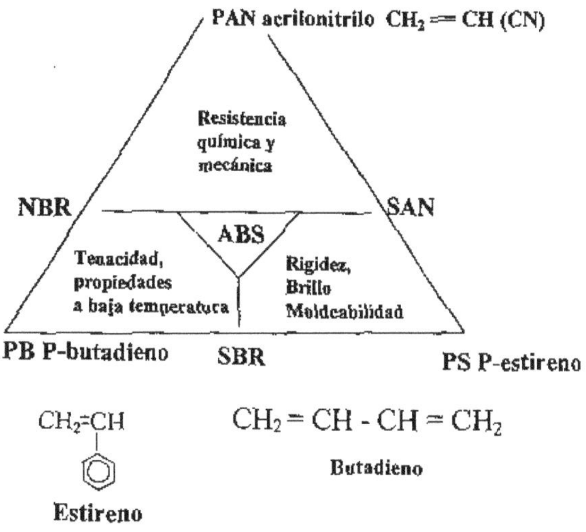

Fig. 2.38 – Esquema de copolimerización.

NBR: Acrilonitrilo/butadieno.
SAN: Estireno/acrilonitrilo. /butadieno/estireno.

SBR: Butadieno/estireno.
ABS: Acrilonitrilo

Un ejemplo de una mezcla muy importante es el Noryl, que se obtiene a partir del polióxido de fenilo (PPO) y el poliestireno (PS). Este material posee una gran resistencia mecánica (mezcla muy rígida por el fenilo en la cadena principal) y por ello se usa en carcasas, teclados de PC, etc.

Sistemas copolímeros homogéneos y mezclas compatibles: La dependencia de la Tg de un copolímero al azar o de una mezcla compatible con la composición puede predecirse. Han sido propuestas distintas ecuaciones para expresar esta dependencia:

Regla clásica de mezclas de Gibbs $T_g = \omega_1 T_{g1} + \omega_2 T_{g2}$ y Di Marzio:

donde ω_i representa la fracción en peso de los comonómeros o de los homopolímeros en la mezcla.

Ecuación de $\dfrac{1}{T_g} = \dfrac{\omega_1}{T_{g1}} + \dfrac{\omega_2}{T_{g2}}$ Fox:

Predice bastante bien el comportamiento de las muestras reales.

Ecuación de Gordon- $T_g = \dfrac{\omega_1 T_{g1} + k\omega_2 T_{g2}}{\omega_1 + k\omega_2}$ · Taylor:

INCORPORACIÓN DE ADITIVOS AL POLÍMERO.

Aditivo es toda sustancia que mejora las propiedades físicas, químicas o mecánicas de un polímero o disminuye su coste de fabricación. Los llevan sobretodo los commodities o termoplásticos de uso común (PS, PE, PVC, etc.). Tipos:

RELLENO: Material relativamente inerte que se le añade a un plástico para modificar su resistencia mecánica y/o reducir su precio (serrín, α -celulosa , negro de carbón (confiere conductividad eléctrica, térmica y resistencia a la intemperie), carbonato cálcico (barato, estable, aumenta la temperatura de descomposición del plástico, no tóxico, sin olor y da un agradable color blanco).

PLASTIFICANTES: Aditivos que forman una mezcla miscible con el polímero amorfo disminuyendo su Tg (son líquidos con elevada temperatura de ebullición), obtenemos un material más flexible, más fácilmente procesable, con mayor resistencia al impacto y menor módulo elástico.

El plastificante rompe los enlaces secundarios del polímero (las fuerzas intermoleculares son la principal influencia en la Tg), además al disminuir el plastificante la Tg también disminuye la temperatura de fusión (Tmelting).

La mezcla polímero plastificante no es miscible en todas las proporciones (hasta un 30%)

COLORANTES: se   dividen   en   dos grupos, los tintes que son solubles en el polímero y los pigmentos (la mayoría) que son insolubles; los pigmentos más usados son el negro de carbono, óxidos orgánicos y pigmentos orgánicos.

ESTABILIZDORES UV: Evitan la degradación del polímero como consecuencia de la absorción de radiación ultravioleta. Se añaden en concentraciones comprendidas entre el 0,05-2%. Actúan:

- Absorbiendo la luz antes que lo haga un enlace polimérico y disipando la energía como calor.

- Transformando los compuestos de descomposición en formas estable. Al incidir la UV en el polímero este se degrada liberando radicales libres con un electrón desapareado, dichos radicales son muy activos y atacan al polímero degradándolo, son los llamados compuestos de descomposición.

LUBRICANTES: Tienen como objetivo mejorar el procesado facilitando el flujo del polímero, disminuyendo la adherencia y el rozamiento en su superficie exterior o en su masa interna. La compatibilidad con el polímero suele ser baja. Sustancias lubricantes son por ejemplo las sales metálicas de los ácidos grasos.

RETARDADORES DE LLAMA: (aplicación aeronáutica) son aditivos que disminuyen la inflamabilidad o la generación de humos de un polímero. Esto se puede conseguir:

- Creando una barrera que impermeabilice frente al paso de oxígeno.

- Eliminando las reacciones en cadena de combustión por medio de la adición de radicales libres que se recombinen en la combustión.

- Introduciendo sustancias que produzcan vapor de agua u otros gases que alejen el oxígeno y reduzcan la temperatura de la llama. Por ejemplo tenemos los óxidos de antimonio y sustancias que contengan bromo o cloro.

Para finalizar este apartado de propiedades mecánicas de los polímeros se incluye dos tablas con distintos termoplásticos de uso industrial.

Tabla 2.5

Marcas registradas, características y típicas aplicaciones de algunos materiales plásticos			
Tipo de material	**Marcas registradas**	**Características de las principales**	**Aplicaciones típicas**
Acrilonitrilo-butadieno.estireno (ABS)	Marbon, Cycolac, Lustran, Abson	Gran resistencia y tenacidad, resiste a la distorsión térmica; buenas propiedades eléctricas; inflamable y soluble en disolventes orgánicos.	Recubrimiento de interiores de frigoríficos; cortacéspedes y equipos de jardinería, juguetes y dispositivos de seguridad de carreteras.
Acrílicos [poli(metacrilato de metilo)]	Lucite, Plexiglas	Extraordinaria transmisión de la luz y resistencia a la degradación ambiental; propiedades mecánicas	Lentes, ventanas de avión, material para dibujar, letreros exteriores.
Fluorocarbonos (PTFE o TFE)	Teflón TFE, Halon TFE	Químicamente inertes en la mayoría de los ambientes; excelentes propiedades eléctricas; bajo coeficiente de fricción; se puede utilizar hasta los 260°C; nula o despreciable fluencia a temperatura ambiente.	Aislamientos anticorrosivos, tuberías y válvulas químicamente resistentes, cojinetes, recubrimientos antiadherentes, componentes eléctricos expuestos a altas temperaturas.
Nilones	Zytel, Plaskon	Buena resistencia mecánica y a la abrasión y tenacidad; bajo coeficiente de fricción;	Cojinetes, engranajes, levas, palancas y recubrimientos de alambres y cables.
Policarbonatos	Merlon, Lexan	Dimensionalmente estables; baja absorción de agua; transparencia; gran resistencia al impacto	Cascos de seguridad, lentes, globos para el alumbrado, bases para películas fotográficas.

147

Tabla 2.6

Marcas registradas, características y típicas aplicaciones de algunos materiales plásticos			
Tipo de material	**Marcas registradas**	**Características de las principales aplicaciones**	**Aplicaciones típicas**
Polietileno	Alathon, Petrothene, Hi-fax	Químicamente resistente y eléctricamente aislante; blandos y bajo coeficiente de fricción; baja resistencia mecánica	Botellas flexibles, juguetes, vasos, carcasas de pilas, cubiteras, láminas para embalaje.
Polipropileno	Pro-fax, Tenite, Moplen	Resistencia a la distorsión térmica; excelentes propiedades eléctricas y resistencia a la fatiga; químicamente inerte; relativamente barato; poca resistencia a la radiación UV	Botellas esterilizables, láminas para embalaje, TV, maletas.
Poliestireno	Styron, Lustrex, Rexolite	Excelentes propiedades eléctricas y claridad óptica; buena estabilidad térmica y dimensional; relativamente económico	Cintas magnetofónicas, paño encordelado de neumático.
Vinilos	PVC, Pliovic, Saran, Tygon	Materiales para aplicaciones generales y económicas; ordinariamente rígidos pero con plastificantes se vuelven flexibles; a menudo copolimerizado; susceptible a la distorsión térmica.	Recubrimientos de suelos, tuberías, recubrimientos aislantes de hilos eléctricos, mangas de riego, discos fonográficos.
Poliéster (PET)	Mylar, Celanar, Dacron	Una de las películas plásticas más blandas; excelente resistencia a la fatiga, a la torsión, a la humedad, a los ácidos, a los aceites y a los disolventes.	Cintas magnetofónicas, paño encordelado de neumático.

2.8   POLÍMEROS TERMOESTABLES

Son plásticos muy interesantes en las aplicaciones aeronáuticas debido a su baja densidad; sin embargo, adolecen de poca elasticidad y resistencia. Analicemos sus ventajas frente al empleo de otros materiales:

- **Su comportamiento mecánico es diferente al de los termoplásticos**

    - Resistencia a la termofluencia

    - Gran estabilidad dimensional

    - Gran rigidez

    - Inconveniente: son menos flexibles y por tanto más frágiles

- **Frente a los metales**

    - Mayor resistencia a la corrosión

    - Menor peso, menor densidad

    - Buenos aislantes térmicos y eléctricos

    - Pueden ser procesados a bajas presiones y temperaturas

- **Frente a los cerámicos**

    - Menor densidad

    - Mayor tenacidad

    - Fácil procesado

En general sus propiedades más significativas son:

- Cadenas reticuladas y unidas formando una macromolécula gigante.

- Monómeros unidos mediante enlaces covalentes.

- Forman estructuras tridimensionales.

- Una vez curados (ya entrecruzados) son irreversibles (no pueden ser reciclados).

Se preparan en general a partir de sus prepolímeros o resinas y mediante una serie de reacciones químicas se obtiene el polímero curado final.

- Son insolubles y no se funden.

- Amorfos, rígidos y frágiles.

- Resistentes a la fluencia.

- Ligeros.

- Aislantes térmicos y eléctricos.

FORMACIÓN DE UNA RESINA TERMOESTABLE.

El proceso de obtención de una resina termoestable se denomina curado y consiste en entrecruzar las cadenas de un prepolímero lineal bajo la acción de una presión y una temperatura determinadas.

Las resinas se almacenan antes de su utilización de forma líquida en un arcón refrigerador. El proceso que nos permite su utilización, el curado, consta de cuatro etapas:

a) Partimos del prepolímero lineal no entrecruzado y de un agente de curado que ayuda a que las cadenas comiencen a formar verdaderos nudos químicos. En el dibujo, los trazos gruesos corresponden al agente y los finos al prepolímero.

b) Aumento del tamaño molecular durante el curado.

c) Gelificación, es el momento en el cual el se detiene el flujo, el polímero ya a adoptado su forma definitiva y no se puede hacer nada para modificar su morfología o sus propiedades; sin embargo a pesar de ser sólido aún quedan cadenas por entrecruzar.

d) El curado de la resina esta completo.

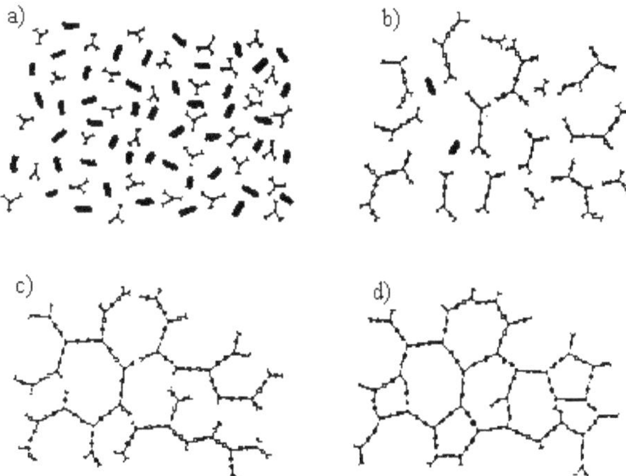

Fig. 2.39 – Etapas de la formación de una resina termoestable.

151

DIAGRAMAS TTT PARA UNA RESINA TERMOESTABLE.

Los diagramas temperatura tiempo transformación o diagramas TTT representan para los procesos de una resina termoestable la variación del estado por el cual puede pasar la resina durante su curado (liquido, gomoso, gel y vítreo) en función de la temperatura de curado. Los diagramas TTT se obtienen midiendo los tiempos de gel y tiempos de vitrificación frente a una temperatura isoterma de curado.

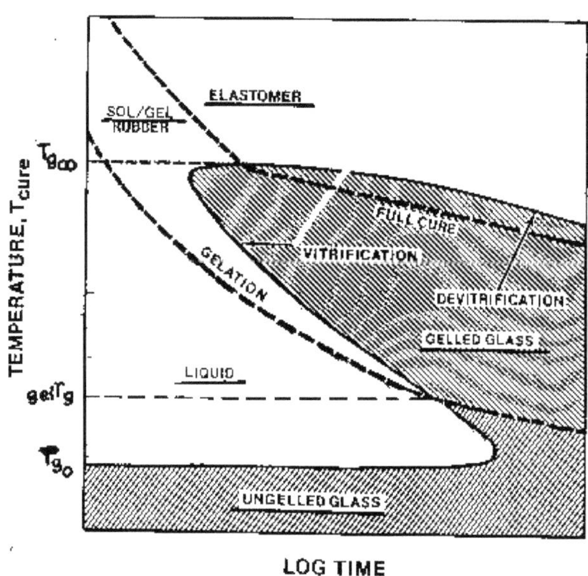

Fig. 2.40 –Diagramas TTT de elastómeros.

152

Para realizar un análisis del diagrama temperatura–tiempo-transformación definiremos unas temperaturas características de mucha utilidad en el curado de una resina:

Tgo: temperatura de transición vítrea de la resina con grado de conversión α =0

GelTg: temperatura a la cual la gelificación y la vitrificación ocurren simultáneamente

Tginf: temperatura de transición vítrea de la resina totalmente curada

Tc: temperatura de curado

El diagrama TTT muestra los diferentes estados por los que una resina puede pasar durante su proceso de curado. Para ello se basa principalmente en la línea de vitrificación, en forma de S atravesando toda la gráfica. Dicha línea marca la separación entre el estado vítreo y los demás estados por los que pasa la resina durante su curado. La vitrificación es el momento en el cual la reacción no puede seguir avanzando, se inhibe, y ello se produce cuando la T_g (que aumenta con el grado de curado α) se iguala a la temperatura de curado.

Por debajo de T_{go}, que se puede definir como la temperatura de transición vítrea para el prepolímero, no existe entrecruzamiento, debido a que la temperatura es excesivamente baja para que se verifique la reacción. El prepolímero es un sólido vítreo y no presenta ningún proceso de reacción.

Sí mantuviésemos constante la T_{go}, eventualmente llevaríamos de nuevo a un estado vítreo sin llegar a gelificar. Esto ocurre al cruzar la isoterma la línea de vitrificación, donde la temperatura del proceso iguala a la temperatura de transición vítrea. En este estado vítreo no se progresa, lo cual no es lógico desde el punto de vista de la producción.

Si nos situamos por encima de la T_{go}, la temperatura ya permite que se empiece a formar el entrecruzamiento, obteniendo un material liquido. Como ya sabemos, el aumento del grado de entrecruzamiento es un proceso exotérmico así pues al transcurrir el tiempo la cadena se da calentando por sí misma.

Existe una línea de separación de fases donde se produce la segregación de las fases líquida y sólida de la resina que se está curando. Esta separación de fases, debido al propio proceso de curado, nunca puede ocurrir después del proceso de gelificación.

Por encima de la temperatura de vitrificación (T_{gel}), el grado de reticulación aumenta hasta que el grado de curado (α) alcanza valores de entre 0.5 y 0.78 donde la resina gelifica. Si se sigue aumentando la temperatura, se llega a la vitrificación con un grado de curado (α) cercano a 0.8, donde el material se queda congelado.

Eventualmente, el proceso de curado termina cuando se ha alcanzado una total reticulación. Esto ocurre al alcanzarse la temperatura de curado total ($T_{g,inf}$). Esta temperatura representa la temperatura mínima a la cual se puede obtener el curado total (α =1). El estado de gel perfecto se produce sin llegar a la vitrificación. Gráficamente, esto ocurre cuando se atraviesa la línea de curado la cual marca el momento en que el grado de curado es la unidad, es decir, se alcanza un curado total α =1.

Una vez alcanzado el curado total, existe la posibilidad si se dejase evolucionar al sistema en el tiempo que la resina llegase descomponerse. La temperatura de transición vítrea disminuiría, siendo siempre menor que la temperatura de curado total ($T_{g,inf}$). Se crea por tanto una zona de de vitrificación localizada entre la línea de vitrificación y la línea de curado, donde el material se descompone. Esta zona de desvitrificación sirve de límite del proceso de vitrificación

Por encima de $T_{g,inf}$ se cruza la línea de curado y se obtiene un elastómero totalmente reticulado. Si se deja mucho tiempo a esta temperatura, puede ocurrir la descomposición de las elastómero.

Si se continuase aumentando la temperatura, aumentándose por tanto el nivel de entrecruzamiento, se llegaría a obtener el estado gomoso, característico de los elastómeros. Si dicho estado gomoso se dejarse desarrollar en el tiempo; es decir, se mantuviese está temperatura para el estado gomoso durante cierto tiempo, la resina llegaría a descomponerse, entrando en un estado parecido a de la brea.

RESINAS DE POLIÉSTERES INSTARUADOS.

Se utilizan para la fabricación de materiales compuestos combinados con fibra de vidrio. Sus aplicaciones fundamentales están en el sector naval y en el automovilístico, no son empleadas en la industria aeronáutica porque sus prestaciones son inferiores al par epoxi-carbono.

RESINAS EPOXI.

Propiedades:
- Presentan elevada resistencia a los disolventes y a la mayoría de los agentes químicos.
- Elevada resistencia a la tracción.
- Reducida resistencia al calor (basta temperaturas de deformación bajo carga de 120-
- 180 º C según tipos).
- Difícilmente inflamables y casi siempre auto extinguibles.
- La epoxi, debido a la presencia de los grupos hidroxi, tiende a absorber agua y ello da problemas porque puede penetrar H_2O en la interfase epoxi-fibra de vidrio y ello reduce la resistencia y prestaciones.

RESINAS FENÓLICAS.

Son polímeros reticulados unidos por $-CH_2-$ y ocasionalmente por $-O-$. Se obtienen por reacción de condensación entre el fenol y el formaldehído (metanaal) en tres etapas:

1. Etapa: $\overline{\alpha}_n$ muy pequeño, tenemos polímeros lineales (Resoles)

2. Etapa: $\overline{\alpha}_n \approx 100$ tenemos un polímero ramificado soluble (resitoles), puede seguir la reacción mediante los metiloles.

3. Etapa: Se forma la red tridimensional y por tanto el termoestable, la reacción es completa y obtenemos la resita reticulada.

<u>Aplicaciones de las resinas fenólicas</u>

- Como interruptores eléctricos destaca la baquelita que es una resina fenólica (resita) más un relleno (grafito, amianto, serrín, mica)
- Aislamientos eléctricos: resita más fibra de vidrio o resita más mica
- Laminados plásticos (formica), interiores del hogar, etc.

<u>**Comparación de las propiedades típicas de las resinas epoxi y poliéster:**</u>

Tabla 2.7

Propiedad	Unidades	Resinas Epoxi	Resinas Poliester
Densidad	$Mg\ m^{-3}$	1,1 - 1,4	1,2 – 1,5
Módulo de Young	Gpa	3 - 6	2 - 4,5
Res. Tracción	Mpa	35 - 100	40 – 90
Res. Compresión	Mpa	100 - 200	90 – 250
Alarg. Rotura	%	1 - 6	2
Coef. Dilat.	10^{-6} / °C	60	100 – 200
Contracc. Curado	%	1 - 2	4 – 8

2.9 PROCESADO DE MATERIALES PLÁSTICOS

Son los métodos utilizados para la obtención de la forma final del producto acabado. Podemos distinguir entre el procesado de termoplásticos y el de termoestables porque debido a su idiosincrasia particular, los métodos no son compatibles; por ejemplo, en la transformación de termoestables se requieren temperaturas más elevadas y más tiempo que en termoplástico.

PROCESADO DE TERMOPLÁSTICOS.

-Extrusión, es un método continuo del que obtengo perfiles macizos

o huecos (recubrimientos de cables, ej un avión tiene unos 100 Km de cables); en el controlamos la η y la temperatura y consta de tres partes:

a. La tolva, en ella introducimos la grana (polímero granulado y sintetizado con sus aditivos).

b. El cilindro con un tornillo sin fin en su interior; este tornillo posee tres partes bien diferenciadas:

- Cilíndrica, es la alimentación.

- Cónica.

- Cilíndrica, es la dosificación.

c. Boquilla donde el polímero se enfría $T > T_f > T_g$

-Inyección, comparándolo con el anterior obtengo mayor número de piezas, de mejor calidad y con más posibilidades de desarrollar formas complicadas; en contrapartida requiere un montaje más caro, una maquinaria más costosa y la necesidad de controlar estrechamente el proceso.

-El **soplado** se aplica para obtener objetos huecos (botellas).

-Calandrado, para fabricar láminas y placas continuas.

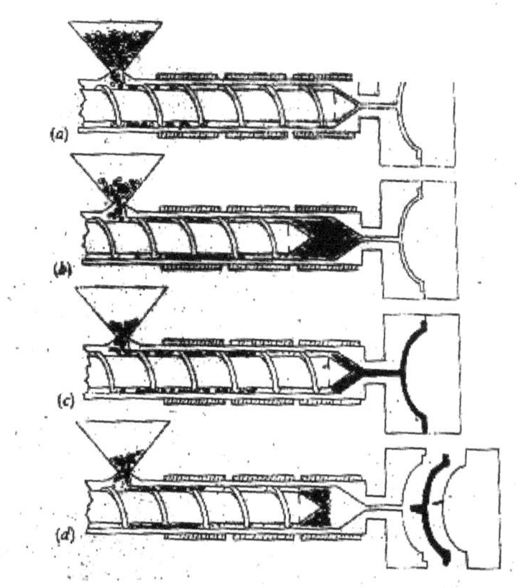

Fig. 2.41 – Obtención de termoplástico elaborado en cuatro pasos.

PROCESADO DE TERMOESTABLES.

Moldeo por compresión, partimos de un polvo de moldeo formado por prepolímero, agente entrecruzante, aditivos, como se ve en la imagen.

El fallo de este método es que se forman rebabas y por ello luego hay que retocar las piezas y eso implica un aumento de costes.

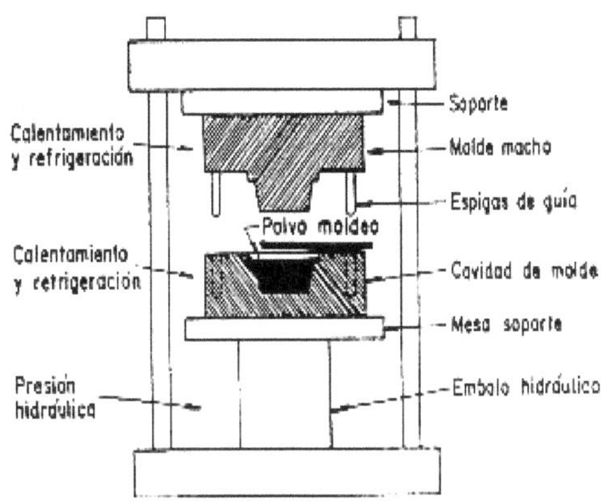

Fig. 2.42 – Moldeo por compresión.

3 MATERIALES CERÁMICOS

3.1 ESTRUCTURA DE LOS CERÁMICOS.

Los cerámicos son compuestos de elementos metálicos y no metálicos. Con la expresión *cerámicos* (de los términos griegos *keramos*, que significa "arcilla de alfarería", y *kera- mikos*, "productos de arcilla") nos referimos tanto a los materiales como al producto cerámico en sí mismo. Debido al gran número de posibles combinaciones de elementos, en la actualidad existe una gran variedad de cerámicos para cubrir un amplio rango de aplicaciones industriales y de consumo.

Los cerámicos pueden dividirse en dos categorías generales:

1. **Cerámicos tradicionales**, como lozas, tejas, ladrillos, tubos de drenaje, alfarería y discos abrasivos.
2. **Cerámicos industriales**, también llamados **cerámicos ingenieriles, de alta tecnología** o **cerámicos finos**, con usos como componentes automotrices, turbinas y componentes estructurales y aeroespaciales (figura 3.1), intercambiadores de calor, semi- conductores, sellos, prótesis y herramientas de corte.

La estructura de los cristales cerámicos, que contienen diversos átomos de diferentes tamaños, es una de las más complejas de todas las estructuras de materiales.

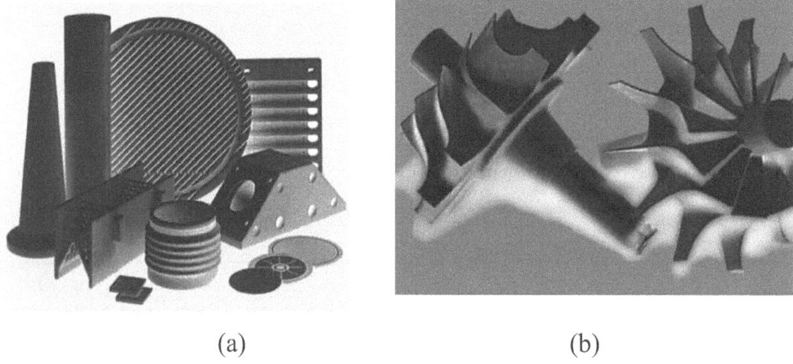

(a)   (b)

Fig. 3.1 – Diversidad de componentes cerámicos. (a) Alúmina de alta resistencia para apli- caciones a altas temperaturas. (b) Rotores de turbinas a gas hechos a partir de nitruro de silicio. Fuente: Cortesía de Wesgo Div, GTE.

Los enlaces presentes entre estos átomos suelen ser **covalentes** o **iónicos** y, como tales, son mucho más fuertes que los enlaces metálicos. Por consiguiente, propiedades como la dureza y la resistencia térmica y eléctrica son significativamente más altas en materiales cerámicos que en metales. Los cerámicos están disponibles en forma monocristalina o policristalina. El tamaño de grano tiene una influencia importante en la resistencia y en las propiedades de los cerámicos; cuanto más fino sea el tamaño de grano (de ahí el término **cerámicos finos**), mayor será la resistencia y la tenacidad.

3.2   MATERIAS PRIMAS

Entre las materias primas más antiguas utilizadas para la fabricación de cerámicos tenemos la **arcilla**, que posee una estructura plana de grano fino. El ejemplo más común es la *caolinita* (de Kaoling, una colina ubicada en China); ésta es una arcilla blanca constituida por silicato de aluminio con capas alternadas de iones de silicio y aluminio que están débilmente unidos (figura 3.2). Cuando a la caolinita se le añade agua, ésta se adhiere a las capas (*adsorción*), con lo que las capas se vuelven resbaladizas y la arcilla húmeda adquiere sus conocidas propiedades plásticas (*hidroplasticidad*) que la vuelven fácilmente formable.

Otras materias primas importantes utilizadas para elaborar los cerámicos y que se encuentran en la naturaleza son el **pedernal** (una roca compuesta por granos muy finos de sílice, SiO2) y el **feldespato** (un grupo de minerales cristalinos que consisten en silicatos de aluminio y potasio, calcio o sodio).

La **porcelana** es una **cerámica blanca** compuesta por caolín, cuarzo y feldespato; su uso más importante está en los electrodomésticos y en utensilios para la cocina y el baño. En su estado natural, estas materias primas generalmente contienen impurezas de diversos tipos que deben eliminarse antes de su trans- formación posterior en productos útiles.

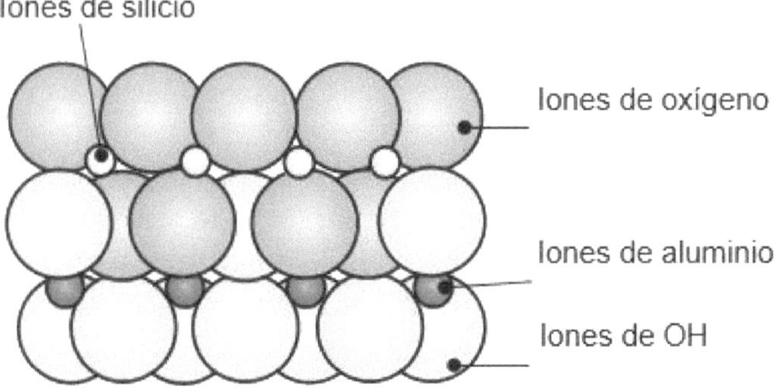

Fig. 3.2 – *Estructura cristalina de la caolinita, conocida comúnmente como arcilla*

CERÁMICOS DE ÓXIDO

Hay dos grandes tipos de cerámicos de óxido: alúmina y zirconia.

Alúmina. También se le llama **corindón** o **esmeril**. La alúmina (óxido de aluminio, Al2O3) es el *cerámico de óxido* más ampliamente utilizado, ya sea en forma pura o como materia prima para ser mezclada con otros óxidos.

Zirconia. La zirconia (óxido de circonio, ZrO_2, de color blanco) tiene buena dureza; buena resistencia al choque térmico, al desgaste y a la corrosión; baja conductividad térmica y bajo coeficiente de fricción.

OTROS CERÁMICOS

Carburos. Los carburos se utilizan típicamente como materiales para herramientas de corte y dados y como abrasivos, especialmente para las piedras de esmeril. Entre los ejemplos comunes de carburo están:

• El **carburo de tungsteno** (WC), que consiste en partículas de carburo de tungsteno con cobalto como aglutinante. La cantidad de aglutinante tiene gran influencia en las propiedades del material; la tenacidad aumenta con el contenido de cobalto mientras que la dureza, la fuerza y la resistencia al desgaste disminuyen.

• El **carburo de titanio** (TiC) tiene níquel y molibdeno como aglutinantes y no es tan duro como el carburo de tungsteno.

• El **carburo de silicio** (SiC) tiene buena resistencia al desgaste (por lo tanto, es adecuado para usarse como abrasivo), al choque térmico y a la corrosión. Tiene un bajo coeficiente de fricción y conserva resistencia a temperaturas elevadas; así que resulta adecuado para componentes de alta temperatura de los motores térmicos.

Nitruros. Ejemplos de nitruros son:

El **nitruro de boro cúbico** (BNc), que es la segunda sustancia más dura que se conoce (después del diamante) y tiene aplicaciones especiales, como en herramientas de corte y en abrasivos para piedras de esmeril. No existe en la naturaleza y se fabricó sintéticamente por primera vez en la década de 1970 usando técnicas similares a las empleadas para la fabricación de diamantes sintéticos.

El **nitruro de silicio** (Si3N4) tiene una elevada resistencia a la termofluencia a eleva- das temperaturas, baja dilatación térmica y alta conductividad térmica por lo que resiste los choques térmicos; es adecuado para aplicaciones estructurales a altas temperaturas, como en los componentes de motores para automóvil y turbinas a gas, rodillos para seguidores de leva, cojinetes, boquillas de chorro de arena y componentes para la industria del papel.

Sialón. Derivado de las palabras *si*licio, *al*uminio, *o*xígeno y *n*itrógeno, el *sialón* consiste en nitruro de silicio con diversas adiciones de óxido de aluminio, óxido de itrio y car- buro de titanio. Posee mayor resistencia mecánica y resistencia al choque térmico que el nitruro de silicio y se utiliza principalmente como el material de las herramientas de corte.

La **sílice**, que abunda en la naturaleza, es un material polimorfo, es decir, puede tener diferentes estructuras cristalinas. La estructura cúbica se encuentra en ladrillos refractarios que se utilizan para aplicaciones de hornos a altas temperaturas. La mayoría de los vidrios contienen más de 50% de sílice. La forma más común de la sílice es el **cuarzo**, un cristal hexagonal abrasivo y duro que se utiliza ampliamente en aplicaciones de comunicaciones como un cristal oscilante de frecuencia fija ya que presenta el efecto piezoeléctrico.

3.3   PROPIEDADES GENERALES Y APLICACIONES DE LOS CERÁMICOS.

En comparación con los metales, los cerámicos suelen tener las siguientes características relativas: fragilidad; alta resistencia, módulo elástico y dureza a temperaturas elevadas; baja tenacidad, densidad y dilatación térmica y baja conductividad térmica y eléctrica. Debido a la amplia variedad de composiciones de material y tamaños de grano, las pro- piedades mecánicas y físicas de los cerámicos varían considerablemente. Las propiedades de los cerámicos también pueden variar ampliamente debido a su sensibilidad a las pequeñas fisuras, los defectos y las grietas superficiales o internas. La presencia de diferentes tipos y niveles de impurezas y distintos métodos de fabricación también afectan sus propiedades.

PROPIEDADES MECÁNICAS.

En la tabla 3.1 se proporcionan las propiedades mecánicas de ciertos cerámicos ingenieriles seleccionados. Observe que su resistencia a la tensión de aproximadamente un orden de magnitud menor que su resistencia a la compresión debido a su sensibilidad a las grietas, las impurezas y la **porosidad**. Estos defectos conducen a la iniciación y propagación de grietas bajo esfuerzos de tensión, lo que reduce significativamente la resistencia a la tensión de los cerámicos; por lo tanto, que sean reproducibles y confiables son aspectos importantes en la vida útil de los componentes cerámicos

Tabla 3.1

Material	Símbolo	Resistencia a la ruptura transversal (MPa)	Resistencia a la compresión (MPa)	Módulo de elasticidad (GPa)	Dureza (HK)	ν	Densidad (kg/m³)
Óxido de aluminio	Al_2O_3	140-240	1000-2900	310-410	2000-3000	0.26	4000-4500
Nitruro de boro cúbico	BNc	725	7000	850	4000-5000	—	3480
Diamante	—	1400	7000	830-1000	7000-8000	—	3500
Sílice, fundida	SiO_2	—	1300	70	550	0.25	—
Carburo de silicio	SiC	100-750	700-3500	240-480	2100-3000	0.14	3100
Nitruro de silicio	Si_3N_4	480-600	—	300-310	2000-2500	0.24	3300
Carburo de titanio	TiC	1400-1900	3100-3850	310-410	1800-3200	—	5500-5800
Carburo de tungsteno	WC	1030-2600	4100-5900	520-700	1800-2400	—	10000-15000
Zirconia parcialmente estabilizada	PSZ	620	—	200	1100	0.30	5800

PROPIEDADES FÍSICAS

La mayoría de los cerámicos tienen una gravedad específica relativamente baja que varía de entre 3 y 5.8 para los cerámicos de óxido, en comparación con un valor de 7.86 para el hierro. Tienen temperaturas de fusión o descomposición muy altas.
La conductividad térmica en los cerámicos varía hasta en tres órdenes de magnitud, según su composición, mientras que en los metales varía sólo en un orden de magnitud. Al igual que en otros materiales, la conductividad térmica de los cerámicos disminuye al aumentar la temperatura y la porosidad, puesto que el aire es un mal conductor térmico.

La dilatación y la conductividad térmicas inducen esfuerzos internos que pue- den conducir al choque térmico o a la fatiga térmica en los cerámicos. La tendencia hacia un **agrietamiento térmico** (llamado **descascarado** cuando se desprende un pequeño trozo o una capa de la superficie) es más baja con la combinación de una baja dilatación térmica y una alta conductividad térmica.

APLICACIONES

Los cerámicos tienen numerosas aplicaciones industriales y de consumo. Existen diversos tipos de cerámicos que se utilizan en las industrias eléctrica y electrónica debido a que tienen alta resistividad eléctrica, alta resistencia dieléctrica (voltaje requerido para la descomposición eléctrica por unidad de espesor) y las propiedades magnéticas adecuadas en aplicaciones como los magnetos para bocinas.

La capacidad de los cerámicos para mantener su resistencia y rigidez a temperaturas elevadas los hace muy atractivos para aplicaciones de alta temperatura. Las mayores temperaturas de operación posibilitadas por el uso de componentes cerámicos implican un consumo más eficiente del combustible y la reducción de emisiones en los automóviles. Actualmente, los motores de combustión interna tienen sólo alrededor de 30% de eficiencia, pero con el uso de componentes cerámicos, el rendimiento puede mejorarse por lo menos en 30 por ciento.

Los cerámicos que se están utilizando con éxito, especialmente en componentes de motores automotrices de turbinas a gas (como rotores), son: el nitruro de silicio, el car- buro de silicio y la zirconia parcialmente estabilizada.

Su alta resistencia al desgaste también los hace adecuados para aplicaciones como camisas de cilindros, bujes, sellos, cojinetes y revestimientos para cañones de armas de fuego. El recubrimiento de metales con cerámicos es otra aplicación que se realiza a menudo para reducir el desgaste, evitar la corrosión o proporcionar una barrera térmica.

3.4 VIDRIOS

El **vidrio** es un sólido amorfo con la estructura de un líquido (figura 3.3), una condición que se obtiene por subenfriado (enfriamiento a una velocidad muy alta para permitir que se formen cristales). Técnicamente, el vidrio se define como un producto inorgánico de fusión que se ha enfriado hasta un estado rígido sin cristalizar. El vidrio no tiene un punto de fusión o un punto de solidificación distintos, por lo que su comportamiento es similar al de las aleaciones y los polímeros amorfos.

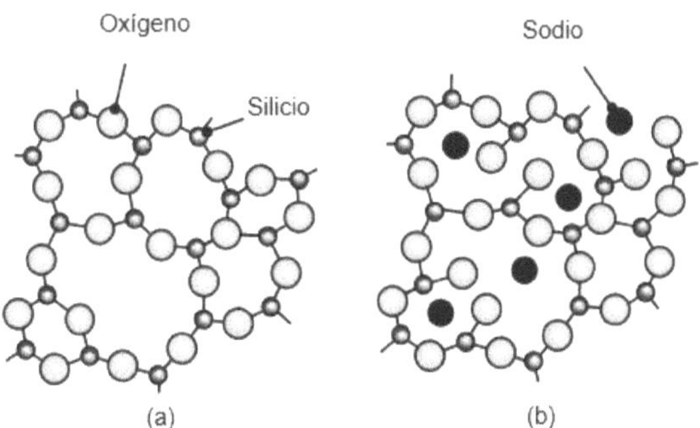

Fig. 3.3 – Ilustración esquemática de la estructura del vidrio de sílice. (a) Vidrio de sílice puro en la forma de estructura aleatoria $(SiO_2)_n$ y (b) vidrio parcialmente despolimerizado; note que existe un cuarto enlace para cada silicio que se encuentra fuera del plano mostrado

TIPOS DE VIDRIOS

* **Vidrio sódico-cálcico** (el tipo más común).
* **Vidrio de plomo-álcali**.
* **Vidrio de borosilicato**.
* **Vidrio de aluminosilicato**.
* **Vidrio 96% de sílice**.
* **Vidrio de sílice fundida**.

Los vidrios también se clasifican como de color, opacos (blancos y traslúcidos), multiformes (variedad de formas), ópticos, fotocromáticos (se oscurecen al exponerse a la luz, como en unas gafas de sol), fotosensibles (cambian de transparente a opaco), fibrosos (estirados en forma de fibras largas, como en la fibra de vidrio) y en espuma o celulares (contienen burbujas, por lo que son buenos aislantes térmicos).

PROPIEDADES MECÁNICAS

El comportamiento del vidrio, igual que el de la mayoría de los cerámicos, suele considerarse perfectamente elástico y frágil. El módulo de elasticidad para los vidrios comerciales oscila entre 55 y 90 GPa y su módulo de Poisson desde 0.16 hasta 0.28. La dureza de los vidrios, como una medida de la resistencia al rayado, oscila entre 5 y 7 en la escala Mohs, que es equivalente a un rango aproximado de entre 350 y 500 HK .

PROPIEDADES FÍSICAS

Los vidrios se caracterizan por tener baja conductividad térmica y alta resistividad eléctrica y resistencia dieléctrica. Su coeficiente de dilatación térmica es más bajo que el de los metales y plásticos, puede incluso aproximarse a cero. Por ejemplo, el vidrio de silicato de titanio (un vidrio claro de alta sílice sintética) tiene un coeficiente de dilatación térmica casi nulo. Propiedades ópticas de los vidrios como la reflexión, absorción, transmisión y refracción pueden modificarse al variar su composición y tratamiento. Por lo general, los vidrios son resistentes al ataque químico y se clasifican según su resistencia a la corrosión por ácidos, álcalis o agua.

3.5 PROCESADO DE MATERIALES CERÁMICOS

Los métodos de procesamiento empleados para los cerámicos se componen de (a) trituración de las materias primas, (b) su moldeo por diversos medios, (c) secado y cocción y (d) operaciones de acabado, según sean necesarias, para impartir las tolerancias dimensionales y el acabado superficial requeridos. Para los vidrios, los procesos implican (a) mezclar y fundir las materias primas en un horno y (b) su moldeo o el generar la forma mediante moldes utilizando diversas técnicas, dependiendo de la forma y el tamaño de la pieza.

MOLDEADO DE CERÁMICOS.

Existen diversas técnicas disponibles para el procesamiento de cerámicos en productos útiles en función del tipo de cerámicos involucrados y de sus formas moldeadas. Por lo general, la producción de algunas piezas de cerámicos, como alfarería recipientes para horno o azulejos (baldosines), no implica el mismo nivel de control de los materiales y procesos que las piezas de alta tecnología hechas a partir de cerámicos estructurales como el nitruro de silicio y carburo de silicio, así como las herramientas de corte hechas, por ejemplo, a partir de óxido de aluminio. En todo caso, el procedimiento es similar y consiste en los siguientes pasos (figura 3.4).

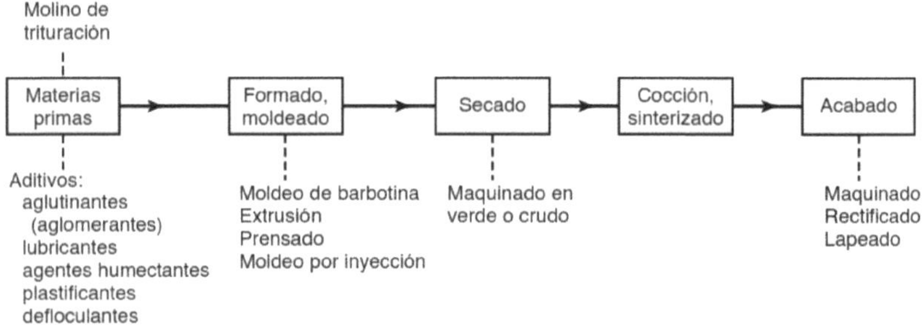

Fig. 3.4 – Etapas de procesamiento involucradas en la fabricación de piezas con materiales

El primer paso en el procesamiento de cerámicos es el triturado, también llamado pulverización o molienda, de las materias primas. El triturado se realiza generalmente en un molino de bolas, ya sea en seco o en húmedo. El triturado en húmedo es más eficaz porque mantiene juntas a las partículas y evita que las partículas finas contaminen el entorno. Después, las partículas pueden dimensionarse haciéndolas pasar a través de un tamiz para después filtrarlas y lavarlas.

Posteriormente las partículas molidas se mezclan con aditivos, los cuales pueden ser uno o más de los siguientes:

- **Aglutinante**, para mantener unidas las partículas cerámicas.
- **Lubricante**, para reducir la fricción interna entre las partículas durante el moldeo y ayudar a retirar la pieza del molde.
- **Agente humectante**, para mejorar el mezclado.
- **Plastificante**, para que la mezcla sea más plástica y fácil de moldear.
- **Agentes**, para controlar la formación de espuma y el sinterizado.
- **Defloculante**, para hacer más uniforme la suspensión del cerámico en agua mediante el cambio de las cargas eléctricas presentes en las partículas de arcilla, de manera que las partículas se repelen en lugar de atraerse entre sí; el agua se añade para que la mezcla sea más vertible y por lo tanto menos viscosa; los defloculantes típicos son Na_2CO_3 y Na_2SiO_3 en cantidades menores al uno por ciento.

Los tres procesos básicos de moldeado para los cerámicos son el colado o
vaciado, el formado plástico y el prensado. Las piezas fabricadas también
pueden someterse a procesamiento adicional, como maquinado y
rectificado, para un mejor control de sus dimensiones y del acabado
superficial.

VACIADO.

El proceso de vaciado más común es el **moldeo** o **vaciado de barbotina**,
también llamado **vaciado de drenado**, como se ilustra en la figura 3.5 Una
barbotina es una suspensión de partículas de material cerámico en un líquido
inmiscible, generalmente agua. La barbotina se vierte en un molde poroso,
normalmente hecho de yeso de París (también conocido como yeso mate), y
puede constar de diversos componentes, como sucede en otros procesos de
moldeado.

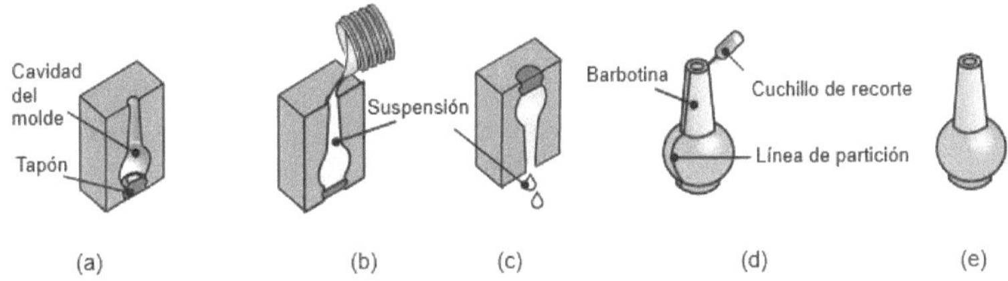

Fig. 3.5 – Secuencia de operaciones en el vaciado de barbotina para una pieza cerámica. (a) El molde
se ensambla y se agrega el tapón; algunos tapones incorporan componentes de drenado; (b) la
suspensión, una mezcla de partículas de material cerámico, aglutinantes y agua, se vierte en el
molde; (c) el molde se invierte y la suspensión se vierte desde éste, dejando una capa fina sobre su
cavidad; (d) después de un periodo de secado inicial, la barbotina se retira del molde y se eliminan
características como las líneas de partición y el labiado del bebedero; (e) la barbotina está lista para
ser secada y cocida en un horno para que adquiera la resistencia y la dureza necesarias.

PRENSADO.

Prensado en seco. El prensado en seco se utiliza para obtener formas relativamente simples, como lozas, refractarios para hornos y productos abrasivos. El contenido de humedad de la mezcla es generalmente menor al 4%, pero puede ser de hasta 12%. Por lo general, a la mezcla se le agregan aglutinantes o aglomerantes orgánicos e inorgánicos (como ácido esteárico, cera, almidón y alcohol de polivinilo); estos aditivos dan fuerza y también actúan como lubricantes para ayudar a la compactación. El prensado en seco tiene las mismas altas tasas de producción y el mismo control de la precisión dimensional que la metalurgia de polvos.

Prensado en húmedo. En el prensado en húmedo, la pieza se forma en un molde mientras se encuentra bajo alta presión en una prensa hidráulica o mecánica. Por lo general, el contenido de humedad oscila entre 10 y 15%. Las tasas de producción son altas; sin embargo, (a) el tamaño de la pieza está limitado, (b) es difícil conseguir control dimensional debido a la contracción durante el secado y (c) los costos de herramienta pueden ser altos. El prensado en húmedo se utiliza generalmente para la fabricación de piezas con formas complicadas, como filtros y empaques electrónicos.

Prensado isostático. Este proceso se utiliza para los cerámicos con el fin de obtener una distribución de densidad uniforme en toda la pieza durante la compactación. Por ejemplo, los aislantes para bujías automotrices se hacen mediante este método a temperatura ambiente. Los álabes de nitruro de silicio para aplicaciones de alta temperatura se hacen por prensado isostático en caliente.

Prensado en caliente. En este proceso, también llamado sinterizado a presión, se aplican simultáneamente presión y calor para reducir la porosidad en la pieza, por lo que se vuelve más densa y resistente. El grafito se usa comúnmente como material para punzones y matrices y, durante el prensado, generalmente se emplean atmósferas protectoras.

Moldeo por inyección. El moldeo por inyección se utiliza ampliamente para el formado de cerámicos de precisión en aplicaciones de alta tecnología, como componentes de motores para cohetes. La materia prima se mezcla con un aglutinante, por ejemplo, un polímero termoplástico (polipropileno, polietileno de baja densidad o acetato de vinil-etileno) o cera, y se moldea por inyección.

SECADO Y COCCIÓN.

El siguiente paso en el procesamiento de los cerámicos consiste en el secado y cocido de la pieza para darle la resistencia y dureza adecuadas. El *secado* es una etapa crítica debido a la tendencia de la pieza a deformarse o romperse por las variaciones en su contenido de humedad y en su espesor. El control de la humedad atmosférica y la temperatura ambiente es importante para reducir la deformación o el alabeo y el agrietamiento.

OPERACIONES DE ACABADO.

Debido a que la cocción ocasiona cambios dimensionales, se pueden realizar operaciones adicionales para (a) dar a la pieza de cerámico su forma final, (b) eliminar los defectos superficiales y (c) mejorar su acabado superficial y la precisión dimensional. Aunque son materiales duros y frágiles, se han realizado avances importantes en la producción de **cerámicos maquinables y cerámicos rectificables,** lo cual permite la producción de componentes cerámicos con alta precisión dimensional y buen acabado superficial. Un ejemplo es el carburo de silicio, que puede maquinarse en formas finales a partir de piezas en bruto sinterizadas.

Los procesos de acabado empleados pueden consistir en una o más de las siguientes operaciones:

1. Rectificado, con un disco de diamante.
2. Lapeado y asentado (honing).
3. Maquinado ultrasónico.
4. Taladrado, utilizando una broca con recubrimiento de diamante.
5. Maquinado por descarga eléctrica.
6. Maquinado por rayo láser.
7. Corte por chorro de agua abrasivo.
8. Tamborado (tumbling), para eliminar bordes afilados y marcas de rectificado.

El proceso de selección es una consideración importante debido a la naturaleza frágil de la mayoría de los cerámicos y a los costos adicionales relacionados con el uso de algunos de estos procesos.

3.6 FORMADO Y MOLDEADO DEL VIDRIO.

El vidrio se procesa al fundirlo y moldearlo, ya sea por soplado o en moldes. Las formas producidas incluyen hojas planas y placas, varillas, tubos, fibras de vidrio y productos discretos, como botellas, focos, linternas, lentes y utensilios de cocina. Los productos de vidrio pueden tener diversos espesores, los cuales pueden ser tan gruesos como los grandes espejos de los telescopios o bien tan finos como los adornos para un árbol de navidad. La resistencia del vidrio puede mejorarse mediante tratamientos térmicos y químicos que inducen esfuerzos residuales superficiales de compresión o por medio de su laminado con una hoja delgada de plástico tenaz.

Por lo general, los productos de vidrio pueden clasificarse como:

1. **Vidrio plano en placa** o **lámina**, que varía en espesor desde casi 0.8 mm hasta 10 mm (0.03 a 0.4 pulg) y se utiliza como ventanas de vidrio, puertas de vidrio y cubiertas de mesa.
2. **Varillas y tubos**, que se usan en las luces de neón, como objetos decorativos y para el procesamiento y manejo de productos químicos.
3. **Productos discretos**, como botellas, jarrones y anteojos.
4. **Fibras de vidrio**, que son empleadas para reforzar materiales compósitos y en las fibras ópticas.

Todos los procesos de formado y moldeado comienzan con vidrio fundido a una temperatura que normalmente se encuentra en el rango de 1000 a 1200 °C (1830 a 2200 °F) y que tiene el aspecto de un líquido viscoso de color rojo vivo.

FIBRAS DE VIDRIO

Las fibras de vidrio continuas se estiran a través de múltiples orificios (de 200 a 400 orificios), hechos en placas de platino calentadas, a velocidades de hasta 500 m/s (1700 pies/s). Aplicando este método es posible producir fibras con diámetros tan pequeños como 2 mm (80 mpulg). Para proteger sus superficies, las fibras se recubren posteriormente con productos químicos conocidos como *resinas protectoras*, que son principalmente compuestos de silano en agua, pero es posible hacer muchas mezclas de resinas. Las fibras cortas se producen sometiendo las fibras largas a aire comprimido o vapor de agua mientras salen del orificio.

BIBLIOGRAFÍA.

1. AMSTEAD, B. H. (1991). *PROCESOS DE MANUFACTURA, VERSIÓN SI.* EDITORIAL CECSA.

2. LÓPEZ NAVARRO, TOMAS HENRY FORD, (1994*). TALLER DE MAQUINAS Y HERRAMIENTAS,* EDITORIAL GUSTAVO GILI.

3. OBERG, ERIC, et al. *MANUAL UNIVERSAL DE LA TÉCNICA MECÁNICA.* EDITORIAL LABOR, BUENOS AIRES.

4. *PROPIEDADES MECANICAS DE LOS MATERIALES (PP. 16-63). S.F.*
https://www.todomecanica.com/recursos/estudio_materiales_carroceria.pdf

5. SHUTE, ALONSO O (1989). *MOLDEO Y FUNDICIÓN.* EDITORIAL GUSTAVO GILI.

6. KALPAKJIAN, S. Y SCHMID, R. (2014).*MANUFACTURA, INGENIERÍA Y TECNOLOGÍA (7 ed.). VOLUMEN 1. TECNOLOGÍA DE MATERIALES* (PP. 194-206). EDITORIAL PEARSON.

7. KALPAKJIAN, S. Y SCHMID, R. (2014).*MANUFACTURA, INGENIERÍA Y TECNOLOGÍA (7 ed.). VOLUMEN 1. TECNOLOGÍA DE MATERIALES* (PP. 475-483). EDITORIAL PEARSON.

Buy your books fast and straightforward online - at one of world's fastest growing online book stores! Environmentally sound due to Print-on-Demand technologies.

Buy your books online at
www.morebooks.shop

¡Compre sus libros rápido y directo en internet, en una de las librerías en línea con mayor crecimiento en el mundo! Producción que protege el medio ambiente a través de las tecnologías de impresión bajo demanda.

Compre sus libros online en
www.morebooks.shop

MIX
Papier aus verantwortungsvollen Quellen
Paper from responsible sources
FSC® C105338

Printed by Books on Demand GmbH, Norderstedt / Germany